岩体力学实验指导书

刘佑荣　吴　立　贾洪彪　编

中国地质大学出版社

图书在版编目(CIP)数据

岩体力学实验指导书/刘佑荣,吴立,贾洪彪编. —武汉:中国地质大学出版社,2008.9

ISBN 978-7-5625-2288-1

Ⅰ.岩…
Ⅱ.①刘…②吴…③贾…
Ⅲ.岩石力学-实验-高等学校-教学参考资料
Ⅳ.TU45-33

中国版本图书馆 CIP 数据核字(2008)第 136648 号

岩体力学实验指导书		刘佑荣　吴　立　贾洪彪　编
责任编辑:李菊凤	策划编辑:李菊凤	责任校对:戴　莹
出版发行:中国地质大学出版社(武汉市洪山区鲁磨路 388 号)		邮政编码:430074
电话:(027)67883511	传真:67883580	E-mail:cbb@cug.edu.cn
经　销:全国新华书店		http://www.cugp.cn
开本:787 毫米×1092 毫米 1/16		字数:118 千字　印张:4.75
版次:2008 年 9 月第 1 版		印次:2008 年 9 月第 1 次印刷
印刷:武汉中远印务有限公司		印数:1—3 000 册
ISBN 978-7-5625-2288-1		定价:13.80 元

如有印装质量问题请与印刷厂联系调换

前　言

本书是作为土木工程、地质工程、勘查技术与工程等专业《岩体力学》教材的组成部分，编入了岩石物理力学性质和岩体力学性质的主要实验。岩体力学实验教学是“岩体力学”课程的重要环节，通过实验教学使学生在学习岩体力学基本理论的同时，能理论联系实际，培养学生工作能力及严谨的科学态度，进一步巩固课堂教学内容。为此要求学生掌握实验的基本原理与方法，其中包括仪器的装置以及工作原理。为便于学生理解，在本书编写过程中，编者力求从教学出发，联系生产实际，配合理论课，阐明实验基本原理与实验步骤，并辅以思考题。

本书是在中国地质大学《岩体力学实验讲义》（内部教材）的基础上，参阅了相关规程规范和有关文献编写而成的。

限于编者水平，书中难免存在缺点和不当之处，敬请读者指正。

编　者

2008 年 5 月

目　录

第一章 概 述

岩体力学实验在工程地质勘察中占有重要地位，是工程地质勘察的重要手段。工程地质定量评价和计算的数据资料，包括岩石、结构面和岩体的物理力学性质指标和岩体地应力等，都需要通过岩体力学实验工作获得。

岩体力学实验的对象——地质体是由岩、土和水等组成的，具有一定的结构，赋存于一定地质环境中，具有很大的不确定性。由于岩体在建造和改造过程中具有与成因有关的特征，一定尺寸的岩体往往组成成分是不均一的，同时还与环境因素密切相关。环境因素常常是多变的，从而导致地质材料的成分也常常具有多变的特点。不论岩石实验还是岩体原位实验，其样品的代表性多数情况下不是唯一的，就其结构来说，在多次反复地质改造作用下变得十分复杂和不均一，并具有明显的尺寸效应。不同级序的结构面混杂在一起，使其结构更趋复杂化。

岩体力学实验主要包括岩石室内实验和原位测试。岩石室内实验使用时间较长，技术较成熟，在我国应用较广。但是由于样品与实际环境脱离，尺寸又比较小，单独依据由此取得的数据在许多工程中是不可靠的。因此，大型工程一般总要进行一定数量的大型岩体原位测试，以便与室内实验互相配合，经济合理地取得可资应用的参数。岩体原位测试是在现场制备试件模拟工程作用对岩体施加外荷载，进而求取岩体力学参数的试验方法，岩体原位测试的最大优点是对岩体扰动小，尽可能地保持了岩体的天然结构和环境状态，使测出的岩体力学参数直观、准确；其缺点是试验设备笨重、操作复杂、工期长、费用高。总的来说，岩体力学试验工作费用较为昂贵，工期较长，必须在工程地质测绘和勘探工作指导与配合下，有目的、有计划地确定试验的项目、样品的数量、取样或制样(原位测试)的部位和试验方法等。

岩体力学试验的主要内容包括岩石物理力学性质、结构面力学性质、岩体力学性质实验和地应力测试等。前者目前主要靠室内实验测定，其测试的主要内容和常用的测试方法如表 1-1 所示；而岩体力学性质试验和地应力测试一般用原位试验方法进行，其主要测试指标和常用试验方法如表 1-2 所示，有关测试原理与方法可参考相关规程规范。除此之外，还有一些特殊的物理力学指标，如软岩的胀缩性、岩体流变性、动力学性质和岩体渗透性等的测试，近年来已大量开展，出现了相应的测试与试验方法，如刚性伺服试验、声波试验、岩石扭转流变试验、剪切流变试验，等等。

岩体力学试验一般应遵循以下程序进行：

(1)实验方案制定和实验大纲编写

这是岩体力学实验工作中最重要的一环。其基本原则是尽量使实验条件符合工程岩体的实际情况。因此，应在充分了解岩体工程地质特征及工程设计要求的基础上，根据国家有关规范、规程和标准要求制定实验方案和编写实验大纲。实验大纲应对实验项目、组数，实验点布置，试件数量、尺寸，制备要求及实验内容、要求、步骤和资料整理方法作出具体规定，以作为整个实验工作中贯彻执行的技术规程。

(2)实验

包括实验准备、实验及原始资料检查、校核等项工作。这是原位实验最繁重和重要的工作。整个实验应遵循实验大纲中规定的内容、要求和步骤逐项实施并取得最基本的原始数据和资料。

(3)实验资料整理与综合分析

实验所取得的各种原始数据,需经数理统计、回归分析等方法进行处理,并且综合各方面数据(如经验数据、室内实验数据、经验估算数据及反算数据等)和工程地质条件提出计算参数的建议值,提交实验报告。

表1-1 岩石物理力学性质指标及常用的实验方法

指　标	常用的实验方法
颗粒密度	比重瓶法、虹吸筒法
块体密度	量积法、蜡封法、注砂法
吸水性	煮沸法、真空法
抗冻性	冻融试验
渗透性	高压渗透仪法、原位水文地质试验
静力变形性质	电阻应变仪法
单轴抗压强度	单向抗压实验
单轴抗拉强度	单向伸拉试验、劈裂法、三点弯曲法
剪切强度	直剪试验、三轴剪切实验
抗折强度	三点弯曲法
点荷载强度	点荷载实验
结构面剪切强度	结构面剪切(便携式剪切仪法)
三轴压力条件下的强度与变形参数	三轴实验

表1-2 岩体力学性质指标及常用的实验方法

指　标	常用的实验方法
变形模量	承压板法
剪切强度参数	双千斤顶法
岩体结构面剪切强度参数	双千斤顶法
天然应力	应力解除法、应力恢复法、水压致裂法
声波速度	声波实验

第二章　岩石物理性质实验

实验1　测定岩石的颗粒密度

一、基本原理

岩石的颗粒密度(ρ_s)是指岩石固体矿物颗粒部分的单位体积内的质量：

$$\rho_s = \frac{M_s}{V_s} \tag{2-1}$$

岩石的固体部分的质量(m_s)，采用烘干岩石的粉碎试样，用精密天平测得，相应的固体体积(V_s)，一般采用排开与试样同体积之液体的方法测得，通常用比重瓶法测得岩石固体颗粒的体积。

在用比重瓶测定岩石固体颗粒体积时，必须注意所排开的液体体积确能代表固体颗粒的真实体积，试样中含有的气体，实验中必须把它排尽，否则会影响测试精度，所用的液体一般为蒸馏水，并用煮沸法或抽气法排除岩石试样中的气体，若岩石中含有大量可溶盐类、有机质、黏粒，则需用中性液体，如煤油、汽油、酒精、甲苯和二甲苯等，此时必须用抽气法排除试样中的气体。

二、仪器设备

(1)岩石粉碎设备：粉碎机、瓷钵、玛瑙研钵和孔径为0.25mm的筛；

(2)比重瓶：容积为100mL(图2-1)；

(3)分析天平：称量200g，感量0.001g；

(4)普通天平：称量500g，感量0.1g；

(5)真空抽气设备或煮沸设备；

(6)恒温水槽；

(7)温度计：量程0～50℃，精确至0.5℃；

(8)其他：烘箱、蒸馏水或中性液体、小漏斗、洗耳球、磁铁块等。

图2-1　比重瓶

三、操作步骤

1. 试样制备

取代表性岩样约100g，粉碎成岩粉并全部通过0.25mm筛孔。粉碎时，若岩石不含有磁性矿物，采用高强度耐磨粉碎机，并用磁铁吸去铁屑；若含有磁性矿物，根据岩石的坚硬程度分别采用磁研钵或玛瑙研钵粉碎岩样。

2. 烘干试样

将制备好的试样与洗净的比重瓶一起置于烘箱中，使之在105～110℃温度下烘至恒重，连续烘干不少于6h，取出后放于干燥器内冷却至室温备用。

3. 称干试样质量

用四分法取两份岩粉，每份岩粉质量约15g，将试样通过漏斗装入已知质量的烘干的比重瓶内，然后在分析天平上称取比重瓶加试样的质量(m_1)，减去比重瓶质量即得干试样的质量(m_s)。

4. 注水排气

向装有试样的比重瓶内注入试液(一般用蒸馏水，如岩石为易溶盐岩类，需用中性液体)至比重瓶容积一半处，然后用煮沸法或真空抽气法排除气体。

(1)煮沸法。此法适于用蒸馏水做实验，注蒸馏水入比重瓶至半满，将比重瓶置于砂浴上煮沸，煮沸时间在加热沸腾后不少于1h，以完全排除气体。

(2)抽气排气法。将盛有岩样试样及半满液体的比重瓶放置在真空抽气缸内(图2-2)，接上真空泵，抽气时真空压力表读数宜为100kPa，抽气时间不少于1h。

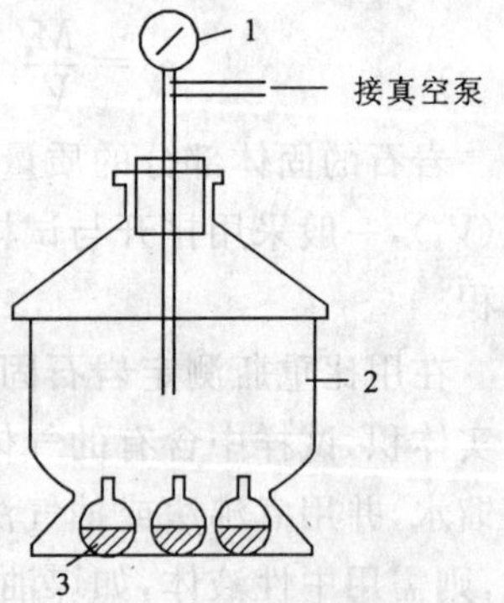

图2-2　抽气装置示意图

1—压力表；2—真空缸；3—比重瓶

5. 称取瓶、试液及岩样的总质量

将经过排除气体的试液注入比重瓶中至近满，置于恒温水槽内使瓶内温度保持稳定，并使上部悬液澄清，塞好瓶塞，使多余试液自瓶塞毛细孔中溢出，将瓶外擦干称重，得瓶、水加岩样的总质量(m_2)，称完后立即测定瓶内悬液温度。

6. 称取瓶、试液的质量

倒掉瓶中悬液，洗净比重瓶，注入经过排除气体并与试验同温度的试液至近满后，恒温约15min，使瓶内试液与悬液温度相同。检查瓶内有无气泡，若有需排除，塞好瓶塞，擦干瓶外水分，称瓶和试液的质量(m_3)。

本实验称重应精确至0.001g。

7. 计算

按下式计算岩石的颗粒密度：

$$\rho_s=\frac{m_s}{m_3+m_s-m_2}\rho_0 \tag{2-2}$$

式中：ρ_s——岩石的颗粒密度(g/cm³)；

m_s——干岩粉的质量(g)；

m_3——瓶、试液总质量(g)；

m_2——瓶、试液和岩粉的总质量(g)；

ρ_0——与实验温度同温的试液的密度(g/cm³)。

不同温度下蒸馏水的密度可根据温度t查表2-1确定。

若用中性液体进行试验，应采用比重瓶来测定其不同温度下的密度，方法如下：

(1)将已知质量的比重瓶装满经排除气体的中性液体，按本试验中步骤6称瓶、中性液体总质量(m_4)。

表 2-1 水的密度 ρ_0

t/℃	ρ_0/(g/cm³)	t/℃	ρ_0/(g/cm³)	t/℃	ρ_0/(g/cm³)
4	1.000 000	15	0.999 127	26	0.996 813
5	0.999 992	16	0.998 970	27	0.996 542
6	0.999 968	17	0.998 802	28	0.996 262
7	0.999 930	18	0.998 623	29	0.995 974
8	0.999 876	19	0.998 433	30	0.995 676
9	0.999 809	20	0.998 232	31	0.995 369
10	0.999 728	21	0.998 021	32	0.995 054
11	0.999 633	22	0.997 799	33	0.994 731
12	0.999 525	23	0.997 567	34	0.994 399
13	0.999 404	24	0.997 326	35	0.994 059
14	0.999 271	25	0.997 074		

注：一般实验计算时采用小数点以后三位数，第四位四舍五入。

(2)用同一比重瓶装满蒸馏水，再按本试验步骤 6 称瓶、水总质量(m_5)。

(3)按下式计算中性液体密度

$$\rho_w' = \frac{m_4 - m_0}{m_5 - m_0}\rho_{wt} \tag{2-3}$$

式中：ρ_w'——中性液体密度(g/cm³)；

m_4——瓶、中性液体总质量(g)；

m_5——瓶、水总质量(g)；

m_0——瓶的质量(g)；

ρ_{wt}——与实验温度同温的蒸馏水密度(g/cm³)，查表 2-1 确定。

8. 取平均值

本实验进行两次平行测定，取其平均值，两次测定的差值不得大于 0.02g/cm³。计算结果精确至 0.01。

四、实验报告内容

(1)整理记录表，见表 2-2。

(2)思考题：

①岩石的颗粒密度值取决于哪些因素，它与空隙度的关系如何？

②岩石若为可溶盐岩类，用蒸馏水测定岩石的颗粒密度时，其结果是偏大还是偏小？为什么？

五、注意事项

(1)煮沸(或抽气)排气时，必须防止悬液溅出瓶外，火力要小，防止煮干，还必须将试样中气体排尽，否则影响实验结果。

(2)必须使瓶中悬液的温度与试液温度相一致。

(3)称重必须准确，测定 m_1 与 m_2 时，必须将比重瓶外壁擦干。

表 2-2　颗粒密度实验记录表

实验编号	比重瓶号	实验温度 t/℃	水的密度 ρ_0/(g/cm³)	瓶的质量 m_0/g	瓶加岩粉质量 m_1/g	干岩粉质量 m_s/g ($m_s=m_1-m_2$)	瓶、试液与岩粉质量 m_2/g	瓶与试液质量 m_3/g	岩石颗粒密度/(g/cm³) $\rho_s=\frac{m_s}{m_3+m_s-m_2}\rho_0$	
									单值	平均值

实验者：　　　　计算者：　　　　校核者：　　　　　　　　　　　　年　　月　　日

实验2 测定岩石的块体密度

岩石的块体密度(ρ)是指岩石单位体积内的质量(g/cm^3),即

$$\rho = \frac{m}{V} \tag{2-4}$$

根据岩石的含水状态可将岩石的块体密度分为:

(1)天然块体密度,指岩石块体在天然含水状态下的单位体积的质量;

(2)干块体密度,指岩石块体在105～110℃温度下烘干时单位体积的质量;

(3)饱和块体密度,指岩石块体在饱水状态下单位体积内的质量。

一般未指明含水状态时,系指干块体密度。

测定岩石的块体密度常用量积法、水中称量法与蜡封法。量积法适用于能制备成规则试样的岩石;除遇水崩解、溶解和干缩湿胀性岩石外,均可采用水中称量法;不能用量积法或水中称量法进行测定的岩石可以采用蜡封法,如软弱岩石,风化岩石及遇水易崩解、溶解的岩石等。水中称量法将结合岩石吸水性试验一起介绍。

岩石的饱和块体密度,一般采用测定吸水率与饱和吸水率的试样并与其同时进行测定,这里仅叙述干密度的测定方法。

Ⅰ 量积法

一、基本原理

由岩石的块体密度定义可知,可通过测定规则岩石试样的体积和质量来求岩石块体密度。量积法的基本原理是把岩石加工成形状规则(圆柱体、方柱体或立方体)的试样,用卡尺测量试样的尺寸,求出体积,并用天平称取试样的质量,然后根据式(2-4)计算岩石的块体密度。

二、仪器设备

(1)试样制备设备:钻石机、切石机、磨石机、砂轮机等;

(2)烘箱、干燥器;

(3)天平:称量100～500g,感量0.01g;

(4)卡尺:精度精确至0.01mm;

(5)其他:放大镜、小刀等。

三、操作步骤

1. 试样制备

常用试样形状为圆柱体、立方体或方柱体。试样加工应满足下列要求:

(1)试样尺寸应大于岩石最大颗粒的10倍;

(2)沿试样高度、直径或边长的误差不超过0.03cm;

(3)试样两端面不平整度误差不超过 0.005cm；

(4)试样两端面应垂直试样轴线，最大偏差不超过 0.25°；

(5)立方体或方柱体试样的相邻两面应互相垂直，最大偏差不超过 0.25°。每组试样制备不少于 3 块，不允许缺棱掉角。

2. 试样描述

描述内容包括：

(1)岩石名称、颜色、矿物成分、结构、风化程度、胶结物性质等；

(2)节理裂隙的发育程度及其分布；

(3)试样的形态。

3. 量测试样尺寸

(1)量测试样两端和中间三个断面上相互垂直的两个直径或边长，按平均值计算截面积；

(2)量测端面周边对称四点和中心点的五个高度，计算高度平均值。

尺寸量测应精确至 0.001cm，尺寸量完后，按相应公式计算试样的体积(V)。

4. 烘干试样、称试样质量(m_s)

将试样置于烘箱内，在 105～110℃恒温下烘 24h，然后放入干燥器内冷却至室温，称试样质量，精确至 0.01g。

5. 计算

按下式计算岩石的块体密度：

$$\rho_d=\frac{m_s}{V} \tag{2-5}$$

式中：ρ_d——岩石的块体干密度(g/cm³)；

m_s——岩石试样的干质量(g)；

V——岩石试样的体积(cm³)。

计算精确至 0.01g/cm³。

6. 取平均值

本实验每组平行测定不少于 3 块试样，取其平均值作为岩石的块体密度。

四、实验报告内容

(1)整理记录表，见表 2-3。

(2)思考题：

用量积法测定岩石块体密度时，影响的因素有哪些？

表 2-3　岩石块体密度实验记录表(量积法)

试样编号	序号	岩性描述	干试样质量 m_s/g	试样尺寸/mm				试样体积 V/cm^3 $V=\frac{\pi D^2 h}{4}$或$V=Lbh$	岩石块体干密度 $\rho_d/(g/cm^3)$ $\rho_d=\frac{m_s}{V}$		备　注
				长 L	宽 b	高 h	直径 D		单　值	平均值	

实验者：　　　　计算者：　　　　校核者：　　　　　　　　年　　月　　日

Ⅱ 蜡封法

一、基本原理

蜡封法是将已知质量的小岩块浸入融化的石蜡中，使试样沾有一层蜡外壳，保持完整的外形。分别测量带有蜡外壳的试样在空气中和水中的质量，然后根据阿基米德原理，计算试样的体积和密度。

二、仪器设备

(1)烘箱和干燥器；

(2)石蜡及融蜡工具；

(3)天平：称量100～500g，感量0.01g；

(4)其他：烧杯、线、温度计、针、烧杯架等。

三、操作步骤

1. 取样

取边长约3～5cm的近似立方体岩块，清除尖锐棱角和松动部分，每组不少于3块。

2. 试样描述

描述内容同量积法。

3. 称试样质量

若测试湿密度，则取有代表性岩石制备试件并称量其质量(m)；若测试干密度，则将试样置于烘箱中，在105～110℃恒温下烘24h，取出后放于干燥器中冷却至室温，然后在天平上称取烘干试样的质量(m_s)。

4. 封蜡

用细线将试样捆好，持线将试样徐徐浸入刚过熔点(约60℃)的蜡中1～2s，使试样表面均匀涂上一层蜡，其平均厚度约1mm。注意检查蜡膜中是否有气泡，若有需用烧热的针刺破再用蜡涂平孔口。

5. 求试样体积

(1)将封蜡试样冷却后放在天平上称量，得封蜡试样的质量(m_1)；

(2)用细线将试样吊在天平一端，并使之浸没于盛水烧杯中(图2-3)，称封蜡试样在水中的质量(m_2)；

(3)封蜡试样取出擦干水分后，再一次称量封蜡试样质量，若称得的质量大于浸水前称得的封蜡试样的质量(m_1)、并超过0.03g时，说明封蜡不好，水已进入试样中，应重做实验。

(4)按下式计算试样的体积(V)

$$V=V_1-V_2=\frac{m_1-m_2}{\rho_{wt}}-\frac{m_1-m_s}{\rho_n} \tag{2-6}$$

式中：V——试样的体积(cm^3)；

V_1——封蜡试样的体积(cm^3)；

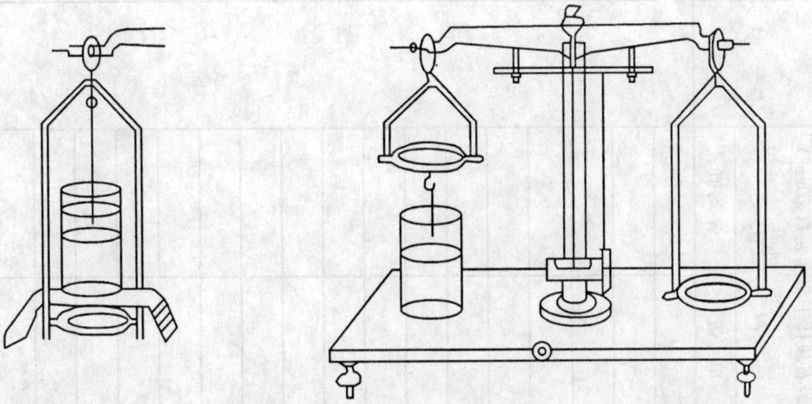

图 2-3　称封蜡试样在水中的重量

V_2——蜡的体积(cm^3)；

m_1——封蜡试样在空气中的质量(g)；

m_2——封蜡试样在水中的质量(g)；

m_s——试样的干质量(g)；

ρ_{wt}——水的密度(g/cm^3)；

ρ_n——蜡的密度，一般采用 0.92 g/cm^3。

6. 按下式计算岩石的块体密度

$$\rho=\frac{m_s}{V} \tag{2-7}$$

式中：m_s——试样在空气中的质量(g)；

ρ——试样的块体密度(g/cm^3)。

计算精确至 0.01g/cm^3。

7. 取平均值

本实验每组需用不少于 3 块试样作平行试验，取其平均值作为岩石块体密度。

四、实验报告内容

(1)整理记录表，见表 2-4。

(2)思考题：

量积法与封蜡法各适用于什么岩石？两种方法有何本质区别？

五、注意事项

(1)封蜡时应将试样徐徐浸入，并立即提起，以免在蜡膜中产生气泡。

(2)称量封蜡试样在水中的质量时，应注意勿使封蜡试样与烧杯壁接触，同时应排除附在试样周围的气泡。

(3)在称封蜡试样在空气中的质量时，应在天平另一端放上一条与捆试样之细线同等质量的细线。

表 2-4 岩石块体密度实验记录表(蜡封法)

试样编号	序号	岩性描述	干试样质量 m_s/g	试样加石蜡质量 m_1/g	试样加石蜡在水中的质量 m_2/g	试样加石蜡的体积 V_1/cm^3 $V_1=\frac{m_1-m_2}{\rho_{wt}}$	石蜡体积 V_2/cm^3 $V_2=\frac{m_1-m_s}{\rho_n}$	岩石块体干密度 $\rho_d/(g/cm^3)$ $\rho_d=\frac{m_s}{V_1-V_2}$		备注
								单值	平均值	

实验者：　　　计算者：　　　校核者：　　　　　　年　　月　　日

实验3　测定岩石的吸水率与饱和吸水率

一、基本原理

岩石的吸水率是岩石试样在大气压力和室温条件下自由吸入的水量与试样固体质量的比值，用百分数表示。

岩石的饱和吸水率是岩石试样在强制状态下（1 500 个大气压或真空）吸入的最大水量与试样固体质量的比值，用百分数表示。

一般采用自由浸水法测定岩石吸水率，用煮沸法或真空抽气法测定岩石饱和吸水率。在测定岩石吸水率的同时，可用水中称重法测定岩石的块体密度。

二、仪器设备

(1)烘箱和干燥器；

(2)天平；

(3)煮沸设备或真空抽气设备；

(4)水中称重装置。

三、操作步骤

1. 试样制备

可采用规则试样和不规则试样，规则试样一般用边长为5cm的立方体或直径为5cm的圆柱体；不规则试样一般用边长4～6cm的近似立方体岩块，并将凸出的边棱部分和松动部分清除，清除表面附着物，每组试样不少于3个。

2. 试样描述

描述内容同实验2量积法。

3. 试样烘干

将试样置于烘箱中，在105～110℃温度下烘干24h，取出放置于干燥器中，冷却至室温后称量(m_s)。

4. 试样自由浸水

将试样放于水槽内，试样之间应留有空隙，然后向水槽注水使试样逐步浸水，首先浸没至试样高度的1/4处，以后每隔2h注水一次，使水位分别抬升至试样高度的1/2、3/4处，6h后全部浸没试样，最后一次注水应高出试样顶面1～2cm，再浸泡48h后取出试样，沾去表面水分，称取湿试样的质量(m_1)。

5. 强制饱和

若用煮沸法饱和试样时，将试样置于煮沸水槽内，试样之间应留有空隙，然后加水煮沸，这时应使水槽内的水位始终保持高于试样，煮沸时间不少于6h。经煮沸的试样放置在原容器中冷却至室温，取出并沾去表面水分称量(m_2)。

若用真空抽气法饱和试样，将试样放于饱和容器内，使水面高于试样，加盖后开动真空泵，使真空压力表读数达到100kPa，直至无气泡逸出为止，总抽气时间不少于4h。经真空抽气的试样应放置在原容器中，在标准大气压下静置4h，取出并沾去表面水分称量(m_2)。

6. 称量饱和试样在水中的质量(m_w)

方法同实验2中蜡封法步骤5。

7. 计算

按下列公式计算：

$$\omega_a=\frac{m_1-m_s}{m_s}\times100\% \quad (2-8)$$

$$\omega_p=\frac{m_2-m_s}{m_s}\times100\% \quad (2-9)$$

$$\rho_d=\frac{m_s}{m_2-m_w} \quad (2-10)$$

$$n_0=\frac{m_2-m_s}{m_2-m_w}\times100\% \quad (2-11)$$

式中：ω_a——岩石的吸水率(%)；

ω_p——岩石的饱和吸水率(%)；

ρ_d——岩石块体的干密度(g/cm^3)；

n_0——岩石的开空隙率(%)；

m_s——试样的干质量(g)；

m_1——试样浸水48h后的质量(g)；

m_2——试样强制饱和后的饱和质量(g)；

m_w——饱和试样在水中的质量(g)。

计算精确至0.01%。

四、实验报告内容

(1)整理记录表格，格式见表2-5。

(2)思考题：

根据所测得岩石的吸水率(ω_a)、饱和吸水率(ω_p)、干块体密度(ρ_d)以及该种岩石的颗粒密度(ρ_s)，计算岩石的各种空隙性指标：总空隙度(n)、大开空隙度(n_1)、小开空隙度(n_2)、总开空隙度(n_3)以及闭空隙度(n_4)。

五、注意事项

(1)在取样和试样制备中，不允许发生人为裂隙，一般不允许采用爆破法取样。

(2)浸水时间及煮沸时间应分别从试样完全淹没及开始沸腾后算起。

表 2-5　测定岩石的吸水率和饱和吸水率记录表

岩石名称	试样编号	干试样质量 m_s/g	试样自由浸水 48h 后		试样煮沸或抽真空后		水中试样质量 m_w/g	吸水率 ω_a/%	饱和吸水率 ω_p/%	干密度 ρ_d/(g/cm^3)	开空隙率 n_0/%	备　注
			试样在空气中的质量 m_1/g	吸水量/g	试样在空气中的质量 m_2/g	吸水量/g						

实验者：　　　　计算者：　　　　校核者：　　　　　　　　　　　　年　　月　　日

第三章　岩石力学性质实验

实验4　测定岩石的静力变形参数(电阻应变仪法)

一、基本原理

岩石的变形是指岩石在外荷载作用下，内部颗粒间相对位置发生变化而产生形状与大小的变化。反映岩石变形性质的参数常用的有变形模量和泊松比。

岩石变形模量是指试样在单向压缩条件下压应力与纵向应变之比，又可分为：

(1)初始模量：应力-应变曲线原点处的切线斜率；

(2)切线模量：对应于应力-应变曲线上某一点 M 处的切线斜率；

(3)割线模量：应力-应变曲线某一点 M 与原点 O 的连线的斜率，一般取单轴抗压强度的50%的应变点与原点连线的斜率代表该岩石的变形模量。

泊松比是指单向压缩条件下横向应变与纵向应变之比，一般用单轴抗压强度的50%对应的横向与纵向应变之比作为岩石的泊松比。

本实验是将岩石试样置于压力机上加压，同时用应变计或位移计测记不同压力下的岩石变形值，求得应力-应变曲线，然后通过该曲线求岩石的变形模量和泊松比。目前，测记变形(或应变)的仪表很多，如电阻应变仪、千分表、线性差动变换器等，其中以电阻应变仪使用最广，在此着重介绍这种仪器的测量方法。

电阻应变仪测量岩石应变的基本原理是将电阻应变片黏贴在试样的表面，当岩石受压变形时，电阻应变片与岩石一起变形，并使其电阻值产生变化，通过电阻应变仪的电桥装置，测出该变化的电阻值并转换为应变值，此值即为岩石的应变值。

二、仪器设备

(1)制样设备：钻岩机、切石机、磨片机等；

(2)测量平台；

(3)压力机；

(4)静态电阻应变仪；

(5)惠斯顿电桥、万用表、兆欧表；

(6)电阻片及贴片设备；

(7)电线及焊接设备。

三、操作步骤

1. 试样制备

(1)样品可用钻孔岩芯或在坑槽中采取的岩块，在取样和试样制备过程中，不允许产生人为裂隙。

(2)规格：采用边长为 5cm、高为 10cm 的方柱体，各尺寸允许变化范围，直径及边长为±0.2cm，高为±0.5cm。含大颗粒的岩石，试样直径应大于岩石最大颗粒尺寸的 10 倍。

(3)试样制备的精度应满足如下要求：

①沿试样高度，直径的误差不超过 0.03cm；

②试样两端面不平整度误差最大不超过 0.005cm；

③端面应垂直于轴线，最大偏差不超过 0.25°；

④方柱体试样的相邻两面应互相垂直，最大偏差不超过 0.25°。

2. 试样描述

描述内容包括：岩石名称、颜色、矿物成分、结构、风化程度、胶结物性质等；加荷方向与岩石试样内层理、节理、裂隙的关系及试样加工中出现的问题；含水状态及所使用的方法。

3. 试样尺寸测量

圆柱体试样：直径应沿试样整个高度上分别量测两端面和中点三个断面的直径，取其平均值作为试样直径；应在两端等距取三点量测试样的高，取其平均值，作为试样的高，同时检验两端面的不平整度。

方柱体：每个边长取四个角点及中心点五处分别量测五个尺寸，取其平均值。

尺寸测量均应精确到 0.001cm。

4. 试样含水状态处理

在进行试验前应按要求的含水状态进行风干、烘干或饱和处理。

(1)天然状态试样：应在拆除密封后立即制样试验，并测定其含水量；

(2)风干试样：在室内放置 4d 以上；

(3)烘干试样：在 105～110℃温度下烘干 12h；

(4)饱水试样：按实验 3 规定的标准进行饱水。

5. 电阻应变片的黏贴及防潮处理

(1)选择电阻片：要求电阻丝平直，间距均匀，电阻片阻栅长度大于试样中最大颗粒尺寸的 10 倍，并小于试样的半径；同一试样的工作片和补偿片的规格、灵敏系数等应相同，电阻值相差不超过 0.2Ω。

(2)电阻应变片应牢固贴在试样中部表面，并尽量避开裂隙和个别较大的晶体、斑晶及砾石等；纵向或横向应变片的数量不少于两片，其绝缘电阻值要大于 200MΩ。

(3)贴片及防潮处理：贴片用的胶，对于烘干、风干试样可采用一般胶合剂，对天然含水状态及饱和试样，需采用防潮胶液，并作防潮处理。

(4)黏合剂干固后，用细导线与电阻应变片的引线焊接牢固，然后将导线固定并在其线头作标记以便识别。

6. 电阻应变仪的调试

(1)用三芯电源线将交流电源(220V)与仪器电源插座接上，把电源开关置于“BO”短路上，预热一分钟，转动微调盘看指示电表有否偏转，如有偏转，说明仪器正常。

(2)将开关转到“阻”上，用螺丝刀调“电阻平衡”电位器，使指示电表指零，然后再将开关转到“容”上，调节“电容平衡”电位器，使指示电表的指针指零或向零靠近。重复上述步骤，反复调整几次，最后将开关转到“阻”上。

(3)观察灵敏度，旋转微调偏转 $10\mu\varepsilon$ 时，指示电表也应指示 $10\mu\varepsilon$。

(4)预热 0.5h 后，再检查一次平衡，就可以进行测量工作。

7. 接点接线

将准备好的试样放置在压力机的承压板中心，取另一贴有补偿片的试样置于试样附近，按半桥连线方式将试样导线与电阻应变仪连接，如图 3-1 所示，即在应变仪 A、B 接线柱之间接测量片，B、C 之间接补偿片。

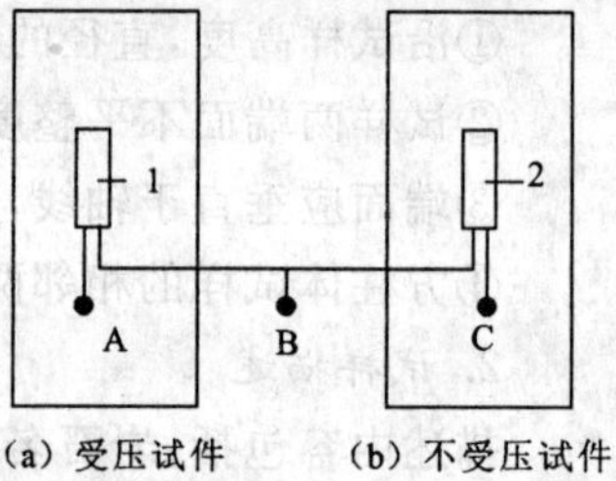

(a) 受压试件　(b) 不受压试件

图 3-1　接线图

1—工作片；2—补偿片

8. 预调平衡箱

做多点测量时，需使用平衡箱予以配合，使用前也应进行调试，其步骤如下：

(1)将转换开关放在平衡位置上；

(2)选点开关调在校准上；

(3)应变仪通电并将微、中、大调盘调到零点。应变仪电源开关旋转到“阻”上，并用螺丝刀旋转“校准”电位器，使应变仪指示表指零。

(4)将选点开关调到需要测量的点上，并调节预调平衡箱相应点的电位器；使应变仪指示电表指零，再将应变仪电源开关放在“容”上，调节应变仪“电容平衡”电位器至指示电表指针指零或最靠近零，这样反复调整几次，使应变仪面板上的开关在指“容”和指“阻”时，指示电表指针均指零，最后将开关放在“阻”上。

(5)其余各点电阻平衡均按上述方法调试，调好后应变仪的电阻与电容平衡电位器不能再转动。

9. 施加荷载

(1)开动试验机，使承压板与试样接触。

(2)以 0.5～1.0MPa/s 的速度施加荷载，直至试样破坏，在加压过程中，测记各级压力下岩石试样的纵向和横向应变值。

(3)纵向、横向应变值的测读：加载时应变仪指示电表指针偏转，这时需调整读数盘各档，使指针指零，各读数盘所指数即为应变值，正值代表压缩，负值代表拉伸，为求得完整的应力-应变曲线，所测应变值不应少于 10 个。

10. 计算与成果整理

(1)按下式计算各级应力值

$$\sigma=\frac{P}{A} \tag{3-1}$$

式中：σ——压应力值(MPa)；

P——轴向荷载(N)；

A——试样截面积(mm^2)。

(2)绘制应力-纵向应变曲线、应力-横向应变及应力-体积应变曲线(图 3-2)。体积应变按下式计算

$$\varepsilon_v=\varepsilon_a-2\varepsilon_c \tag{3-2}$$

式中：ε_v——某一级应力下的体积应变；

ε_a——同一级应力下的纵向应变；

ε_c——同一级应力下的横向应变。

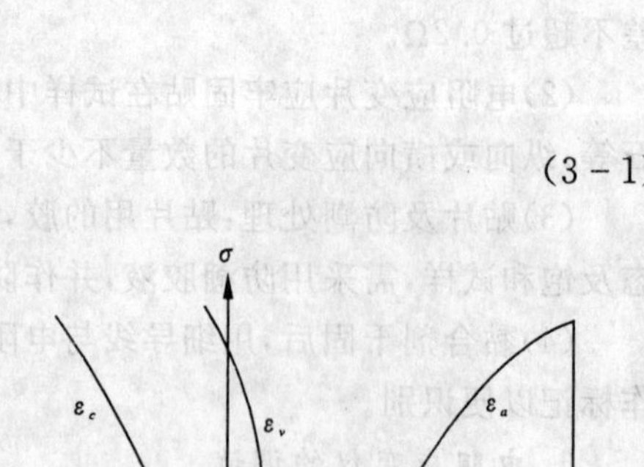

图 3-2　应力-应变曲线

(3)求变形模量及泊松比。

在纵向应力-应变曲线上，作原点 O 与抗压强度 50%的点 M 的连线，变形模量按下式计算

$$E_{50}=\frac{\sigma_{50}}{\varepsilon_{a50}} \tag{3-3}$$

式中：E_{50}——岩石割线弹性模量(MPa)；

σ_{50}——相当于岩石抗压强度 50%的应力值(MPa)；

ε_{a50}——应力为 σ_{50} 时的纵向应变值。

取应力为抗压强度 50%时的纵向应变和横向应变值，可以计算泊松比

$$\mu=\frac{\varepsilon_{c50}}{\varepsilon_{a50}} \tag{3-4}$$

式中：μ——岩石泊松比；

ε_{c50}——应力为 σ_{50} 时的横向应变值。

按下列各式可以计算岩石平均弹性模量和平均泊松比

$$E_{av}=\frac{\sigma_b-\sigma_a}{\varepsilon_{ab}-\varepsilon_{ca}} \tag{3-5}$$

$$\mu_{av}=\frac{\varepsilon_{cb}-\varepsilon_{ca}}{\varepsilon_{ab}-\varepsilon_{aa}} \tag{3-6}$$

式中：E_{av}——岩石的平均弹性模量(MPa)；

μ_{av}——岩石平均泊松比；

σ_a——应力-应变关系曲线上直线段始点的应力值(MPa)；

σ_b——应力-应变关系曲线上直线段终点的应力值(MPa)；

ε_{aa}——应力为 σ_a 时的纵向应变值；

ε_{ab}——应力为 σ_b 时的纵向应变值；

ε_{ca}——应力为 σ_a 时的横向应变值；

ε_{cb}——应力为 σ_b 时的横向应变值。

岩石变形模量取 3 位有效数字，泊松比计算值精确至 0.01。

四、实验报告内容

(1)整理记录表格，见表 3-1。

(2)根据记录资料作应力-纵向应变、应力-横向应变及应力-体积应变曲线并计算变形模量和泊松比。

(3)思考题：

①用电阻应变仪量测岩石变形的原理是什么？电阻片及其黏贴技术对测量结果有什么影响？

②为什么不能将电阻应变片贴在大的晶体、斑晶、砾石及裂隙上？

③为什么选用 E_{50} 作为岩石的变形模量？

五、注意事项

(1)如压力机承压板的尺寸大于试样尺寸的两倍时，需要在试样上下两端加辅助承压板。

(2)贴片时胶要涂得薄而均匀，贴后需细心检查，不能有气泡存在。

表 3-1　岩石弹性模量实验记录表(电阻片法)

试样编号：　　　　岩石名称：　　　　实验状态：

直径 $D=$　　mm；　长 $L=$　　mm；　宽 $b=$　　mm；　高 $h=$　　mm；　面积 $A=$　　mm^2

轴向荷载 P/N	应力 σ /MPa	干试样质量 m_s/g	轴向应变 ε_a			横向应变 ε_c		
			$\varepsilon_1(\times10^{-6})$	$\varepsilon_2(\times10^{-6})$	平均	$\varepsilon_3(\times10^{-6})$	$\varepsilon_4(\times10^{-6})$	平均
试样破坏素描图：			描述：			计算： $E_{50}=\frac{\sigma_{50}}{\varepsilon_{a50}}$，　$\mu=\frac{\varepsilon_{c50}}{\varepsilon_{a50}}$ 平均 $E_{50}=$　　　$\mu=$		

实验者：　　　计算者：　　　校核者：　　　　　　　　年　　月　　日

(3)在试样加压之前，应检查试样是否均匀受压；其方法是给试样加上少许压力，观测两纵向应变值是否接近，如相差较大，应重新调整试样。

实验5　测定岩石的单轴抗压强度

一、基本原理

岩石的单轴抗压强度是指岩石试样在单向受压至破坏时单位面积上所承受的最大压应力，一般简称抗压强度。根据岩石的含水状态不同，又有干抗压强度和饱和抗压强度之分。

岩石的单轴抗压强度，常采用在压力机上直接压坏标准试样测得，也可与岩石单轴压缩变形实验同时进行，或用其他方法间接求得。

二、仪器设备

(1)制样设备：钻岩机、切石机及磨片机；

(2)测量平台、卡尺、放大镜等；

(3)烘箱、干燥箱；

(4)水槽、煮沸设备或真空抽气设备；

(5)压力机。

三、操作步骤

1. 试样制备

试样规格：一般采用直径5cm、高10cm的圆柱体，或断面边长为5cm、高为10cm的方柱体，每组试样不少于3块。

试样制备精度要求同实验4。

2. 试样描述

实验前应对试样进行描述，内容同实验4。

3. 试样烘干或饱和处理

根据实验要求需对试样进行烘干或饱和处理。

烘干试样：在105～110℃温度下烘干24h。

自由浸水法饱和试样：将试样放入水槽，先注水至试样高度的1/4处，以后每隔2h分别注水至试样高度的1/2和3/4处，6h后全部浸没试样，试样在水中自由吸水48h。

煮沸法饱和试样：煮沸容器内的水面始终高于试样，煮沸时间不少于6h。

真空抽气法饱和试样：饱和容器内的水面始终高于试样，真空压力表读数宜为100kPa，直至无气泡逸出为止，总抽气时间不应少于4h。

4. 测量试样尺寸

按实验2量积法中的要求，量测试样断面的边长，求取其断面面积(A)。

5. 安装试样、加荷

将试样置于试验机承压板中心，调整球形座，使之均匀受载，然后以0.5～1.0MPa/s的加载速度加荷，直至试样破坏，记下破坏荷载(P)。

6. 记录

描述试样破坏后的形态，并记录有关情况。

7. 计算

按下式计算岩石的单轴抗压强度

$$\sigma_c=\frac{P}{A} \tag{3-7}$$

式中：σ_c——岩石的单轴抗压强度(MPa)；

P——破坏荷载(N)；

A——试样截面积(mm^2)。

计算值取3位有效数字。

四、实验报告内容

(1)整理记录表，见表3-2。

(2)试样描述资料。

(3)思考题：

影响岩石单轴抗压强度的实验条件有哪些？试样形态、高径比、加荷速度等是怎样影响岩石单轴抗压强度的？

五、注意事项

(1)当试样临近破坏时，需适当放慢加荷速度，并事先设防护罩，以防止脆性坚硬岩石突然破坏时岩屑飞射。

(2)在对试样加荷前，应检查试样是否均匀受压。

表3-2　单轴抗压强度实验记录表

试样编号	受力方向	试验状态	试样尺寸/mm		截面积 A/mm^2	破坏荷载 P/N	单轴抗压强度 σ_c/(MPa)	
			直径(长、宽)	高			单　值	平均值
试样破坏素描图：		试样描述：						

实验者：　　　　计算者：　　　　校核者：　　　　年　　月　　日

附　测定岩石的软化系数

岩石在饱水状态下的抗压强度与干燥状态下的抗压强度之比，称为岩石的软化系数。若分别测出饱水试件和干燥试件的单轴抗压强度，即可求得岩石的软化系数。

岩石的饱水抗压强度，应首先对试件进行饱水处理，然后按本实验规定的步骤和要求测定其抗压强度，岩石的干抗压强度，可采用室内风干试样，用可用烘干试样，用本实验的方法测定，按下式计算岩石的软化系数

$$K_d=\frac{\sigma_{cw}}{\sigma_{cd}} \tag{3-8}$$

式中：K_d——岩石的软化系数；

σ_{cw}——岩石饱水抗压强度；

σ_{cd}——岩石干抗压强度。

实验 6　测定岩石的抗拉强度

岩石的抗拉强度是指岩石在单向受拉条件下，受拉面上能承受的最大拉应力。目前，测定岩石抗拉强度的方法很多，大致可分为直接拉伸法和间接法两大类，而间接法又以劈裂法应用最为广泛。下面重点介绍直接拉伸法和劈裂法。

Ⅰ　直接拉伸法

一、基本原理

直接拉伸法是将试样夹持在夹持器内，然后平行于试样轴向施加拉伸荷载直至岩石破坏，通过破坏荷载求得岩石的抗拉强度(σ_t)。

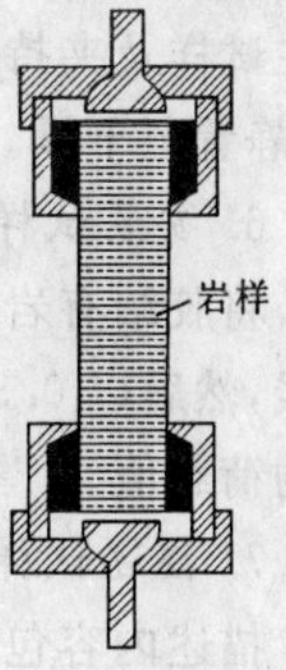

图 3-3　用于抗拉强度试验的夹持器

二、仪器设备

(1)制样设备：钻石机、锯石机、磨石机、车床等；

(2)万能材料试验机：出力 100kN；

(3)拉伸夹持器(图 3-3)，不少于 3 套；

(4)测量平台、卡尺、放大镜等；

(5)烘箱、干燥器；

(6)水槽、煮沸设备或真空抽气设备；

(7)树脂胶及黏接设备。

三、操作步骤

1. 试样制备

试样规格采用直径为5cm、高为10cm的圆柱体，每组不少于3块，在试样制备过程中，不允许人为裂隙产生。

试样制备的精度应满足如下要求：

(1)沿试样高度，直径的误差不超过0.03cm；

(2)试样两端面不平整度误差，最大不超过0.005cm；

(3)端面应垂直于轴线，最大偏差不超过0.25°。

2. 试样描述

试验前，对试样应描述下列内容：

(1)岩石名称、颜色、矿物成分、结构、风化程度、胶结物性质等；

(2)加荷方向与岩石试样内层理、节理、裂隙的关系及试样加工中出现的问题；

(3)含水状态及所使用的方法。

3. 试样尺寸量测

按实验2量积法中的要求，量测试样断面的边长，求取其断面面积(A)。

4. 试样烘干或饱和处理

根据实验要求需对试样进行烘干或饱和处理。

烘干试样：在105～110℃温度下烘干24h。

自由浸水法饱和试样：将试样放入水槽，先注水至试样高度的1/4处，以后每隔2h分别注水至试样高度的1/2和3/4处，6h后全部浸没试样，试样在水中自由吸水48h。

煮沸法饱和试样：煮沸容器内的水面始终高于试样，煮沸时间不少于6h。

真空抽气法饱和试样：饱和容器内的水面始终高于试样，真空压力表读数宜为100kPa，直至无气泡逸出为止，总抽气时间不应少于4h。

5. 试样胶结

试样与夹持器胶结前，应将试样端面及夹持器接合面用丙酮洗净，然后将胶合剂均匀地涂抹在试样及夹持器端面上，胶结时，应严格对准中心。胶结后，在其上稍加重压，使两者紧密结合，静置至干燥。

6. 安装试样、加荷

将胶结有岩样的拉伸夹持器安装在万能材料试验机的夹头内，注意须使试样平行于机器轴线，然后以0.3MPa/s的速率加荷至试样破坏，记录整个试验中荷载的最大值及试样彻底破坏的荷载值。

7. 描述试样破坏情况

描述内容包括：破坏面的平直程度、与轴线的关系及破坏部位等情况，如破坏面为沿某一裂隙破坏或沿端面附近破坏时，则该次实验无效。

8. 计算

按下式计算岩石的抗拉强度

$$\sigma_t=\frac{P_t}{A} \tag{3-9}$$

式中：σ_t——岩石的抗拉强度(MPa)；

P_t——试样破坏时的拉伸荷载(N)；

A——试样截面积(mm^2)。

四、实验报告内容

(1)整理记录表格，见表3-3。

(2)整理试样描述记录。

五、注意事项

试样与夹持器胶结时，要注意胶结牢固，并注意检查夹持器轴与试样轴线是否一致。

表3-3 岩石轴向拉伸实验记录表

工程名称：

岩石名称	试样编号	受力方向	含水状态	试样尺寸			最大破坏载荷(N)	岩石抗拉强度(MPa)	备注
				平均直径(mm)	平均高度(mm)	横截面积(mm^2)			
试样破坏素描图：				试样描述：					

实验者：　　计算者：　　校核者：　　年　月　日

Ⅱ 劈裂法

一、基本原理

劈裂法是在试样的直径(圆柱体试样)方向上施加一线性荷载，使之沿荷载控制的平面发生压致拉裂破坏，然后根据弹性理论求岩石的抗拉强度。劈裂法适用于能制成规则试样的各类岩石。实验时，线荷载是通过一个特制夹具或在试样上、下各加一根压条实现的(图3-4)。

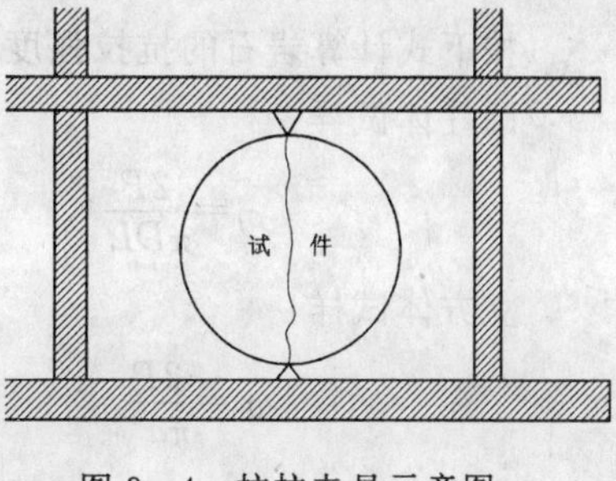

图3-4 抗拉夹具示意图

二、仪器设备

(1)压力机：要求能连续加荷没有冲击，吨位约100kN；

(2)抗拉夹具和垫条；

(3)测量平台、卡尺、放大镜等；

(4)制样设备:钻石机、切石机、磨石机;

(5)烘箱、干燥器;

(6)水槽、煮沸设备或真空抽气设备。

三、操作步骤

1. 试样规格

一般采用直径为 5cm、高度为 5cm 的圆柱体,以及边长为 5cm 的立方体,每组试样不少于 3 块。

试样制备精度要求同实验 4。

2. 试样尺寸测量及描述

按实验 2 中量积法的要求,量测试样的直径、高度或边长,并划出加荷中线。

试样描述内容包括:

(1)岩石名称、颜色、矿物成分、结构、风化程度、胶结物性质等;

(2)加荷方向与岩石试样内层理、节理、裂隙的关系及试样加工中出现的问题;

(3)含水状态及所使用的方法。

3. 试样烘干或饱水处理

根据实验要求需对试样进行烘干或饱和处理。

烘干试样:在 105~110℃温度下烘干 24h。

自由浸水法饱和试样:将试样放入水槽,先注水至试样高度的 1/4 处,以后每隔 2h 分别注水至试样高度的 1/2 和 3/4 处,6h 后全部浸没试样,试样在水中自由吸水 48h。

煮沸法饱和试样:煮沸容器内的水面始终高于试样,煮沸时间不少于 6h。

真空抽气法饱和试样:饱和容器内的水面始终高于试样,真空压力表读数宜为 100kPa,直至无气泡逸出为止,但总抽气时间不应少于 4h。

4. 安装试样、加荷

通过试样直径的两端,沿轴线方向划两条相互平行的加载基线,将 2 根垫条沿加载基线固定在试样两端。

将试样置于试验机承压板中心,调整球形座,使试样均匀受荷,并使垫条与试样在同一加荷轴线上。

以 0.3~0.5MPa/s 的加荷速度加荷,直至试样破坏,记录下破坏荷载,描述试样破坏后的形态。

5. 计算

按下式计算岩石的抗拉强度。

圆柱体试样:

$$\sigma_t=\frac{2P}{\pi DL} \tag{3-10}$$

立方体试样:

$$\sigma_t=\frac{2P}{\pi a^2} \tag{3-11}$$

式中:σ_t——岩石的抗拉强度(MPa);

P——破坏荷载(N);

D——试样直径(mm);

L——试样高度(mm);

a——立方体试件边长(mm)。

计算值取三位有效数字。

四、实验报告内容

(1)整理记录表格,见表 3-4。

(2)整理试样描述资料。

(3)思考题:

①同一岩性的岩石分别用直接拉伸法和劈裂法进行试验,如果不考虑其他因素的影响,求得的抗拉强度是否相同?为什么?

②试比较直接拉伸法与劈裂法间的异同点。

表 3-4 抗拉强度实验(劈裂法)记录表

<table>
<tr><td rowspan="2">试样
编号</td><td rowspan="2">试验
状态</td><td rowspan="2">受力
方向</td><td colspan="2">试样尺寸(mm)</td><td rowspan="2">破坏荷载 P
(N)</td><td colspan="2">抗拉强度(MPa)</td></tr>
<tr><td>高 h</td><td>直径 D</td><td>单 值</td><td>平均值</td></tr>
<tr><td></td><td></td><td></td><td></td><td></td><td></td><td></td><td></td></tr>
<tr><td></td><td></td><td></td><td></td><td></td><td></td><td></td><td></td></tr>
<tr><td></td><td></td><td></td><td></td><td></td><td></td><td></td><td></td></tr>
<tr><td colspan="3">试样破坏素描图:</td><td colspan="3">试样描述:</td><td colspan="2">圆柱体试样:
$\sigma_t=\frac{2P}{\pi DL}$
立方体试样:
$\sigma_t=\frac{2P}{\pi a^2}$</td></tr>
</table>

实验者: 计算者: 校核者: 年 月 日

五、注意事项

(1)试样上、下两根垫条应与试样中心面位于同一平面内,以免产生偏心荷载。

(2)破坏面必须通过上、下两加荷线,如果只产生局部破坏,须重新试验。

实验 7 测定岩石的剪切强度

一、基本原理

岩石的剪切强度是岩石抵抗剪应力破坏的最大能力,根据实验时的应力状态和实验条件,又可将岩石剪切强度细分为以下三种。

1. 抗剪断强度

指岩石在一定法向应力下沿某一剪切面能抵抗的最大剪应力,试验证明,岩石的抗剪断强度与法向应力近似地服从于库仑定律,即

$$\tau = \sigma \mathrm{tg}\varphi + c \tag{3-12}$$

式中的内摩擦角和内聚力是反映岩石剪切强度的参数，本次实验的目的在于求这两个参数。

2. 抗切强度

指岩石在法向应力为零时能抵抗的最大应力，根据(3-12)式，由于法向应力为零，所以抗切强度等于内聚力。

3. 抗剪强度

指岩石沿原有破坏面，在一定法向应力作用下能抵抗的最大剪应力。这时的岩石剪切强度主要取决于内摩擦阻力，而内聚力则很小甚至趋于零。

目前室内测定岩石剪切强度的试验方法很多，如单面和双面剪切等直接剪切试验、变角板法、冲孔试验以及三轴试验等。本节主要介绍国内外常用的变角板及双面(单面)剪切试验，三轴试验将在实验11中介绍。

Ⅰ 变角板法

一、基本原理

变角板法是利用压力机施加垂直荷载，通过一套特制的夹具使试样沿某一剪切面产生剪切破坏，然后通过静力平衡条件计算确定剪切面上的法向压应力和剪应力，从而绘制法向压应力(σ)与剪应力(τ)之间的关系曲线，求得岩石的内聚力(c)和内摩擦角(φ)。

二、仪器设备

(1)制样设备：钻石机、切石机、磨石机；

(2)压力机：技术要求同实验5；

(3)变角板剪切夹具一套，要求在45°～70°范围内有4～5个角度可供调整，见图3-5；

(4)卡尺：精度为0.002cm。

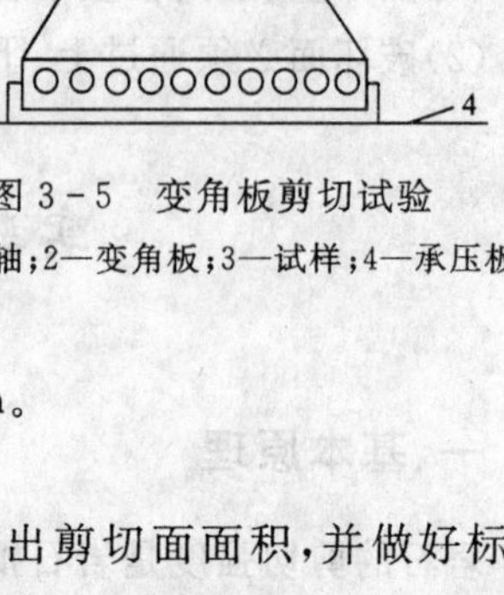

图3-5　变角板剪切试验

1—滚轴；2—变角板；3—试样；4—承压板

三、操作步骤

1. 试样制备

本实验采用边长为5cm的立方体试样，每组加工4～8块，试样加工精度要求：相邻面间应互相垂直，偏差不超过0.25°；相对两面应互相平行，不平整度不得大于0.005cm。

2. 试样描述及尺寸量测

试样描述内容同实验4；描述后测量预定剪切面的边长，求出剪切面面积，并做好标记。根据实验要求对试样进行烘干或饱水处理，处理方法与要求同实验5。

3. 安装试样

将变角板剪切夹具用绳子栓在压力机承压板间，应注意使夹具的中心与压力机的中心线相重合，然后调整夹具上的夹板螺丝，使刻度达到所要求的角度，将试样安装于变角板内。

4. 加荷

开动压力机，同时降下压力机横梁，使剪切夹具与压力机承压板接触上，然后调整压力表指针到零点，以每秒 0.5～1.0MPa 的加荷速度加荷，直至试样破坏，记录破坏荷载(P)。

5. 破坏试样描述

升起压力机横梁，取出被剪破的试样进行描述，内容包括破坏面的形态及破坏情况等。

6. 重复试验

变换变角板夹具的角度(α)，一般在 45°～70°内选择，以 5°为间隔，如 45°、50°、55°、60°、65°和 70°，重复步骤 3－6 进行实验，取得不同角度下的破坏荷载。

7. 成果整理

(1)按下式计算作用在剪切面上的剪应力和正应力

$$\tau = \frac{P}{A}(\sin\alpha - f\cos\alpha) \tag{3-13}$$

$$\sigma = \frac{P}{A}(\cos\alpha + f\sin\alpha) \tag{3-14}$$

式中：τ——破坏面上的剪应力(MPa)；

σ——破坏面上的正应力(MPa)；

P——试样破坏荷载(N)；

A——试样剪切面面积(mm^2)；

α——试样放置角度(变角板角度)(°)；

f——滚轴摩擦系数：$f=\frac{1}{nd}$，n 为滚轴根数，d 为滚轴直径(mm)。

(2)按下式计算岩石的抗剪断强度参数

$$\varphi = \mathrm{tg}^{-1}\frac{n\sum_{i=1}^{n}\sigma_i\tau_i - \sum_{i=1}^{n}\sigma_i\sum_{i=1}^{n}\tau_i}{n\sum_{i=1}^{n}\sigma_i^2 - \left[\sum_{i=1}^{n}\sigma_i\right]^2} \tag{3-15}$$

$$c = \frac{\sum_{i=1}^{n}\sigma_i^2\sum_{i=1}^{n}\tau_i - \sum_{i=1}^{n}\sigma_i\sum_{i=1}^{n}\sigma_i\tau_i}{n\sum_{i=1}^{n}\sigma_i^2 - \left[\sum_{i=1}^{n}\sigma_i\right]^2} \tag{3-16}$$

式中：φ——岩石内摩擦角(°)；

c——岩石的内聚力(MPa)；

σ——第 i 块试样的破坏正应力(MPa)；

τ——第 i 块试样的破坏剪应力(MPa)；

n——试样块数。

计算结果精确至小数点后一位。

(3)以剪应力(τ)为纵坐标，法向应力(σ)为横坐标，将每一试样的 σ、τ 标在坐标系中，以最佳方法拟合一直线(强度包络线)，并在图中求得岩石的内摩擦角(φ)和内聚力(c)(图 3－6)。

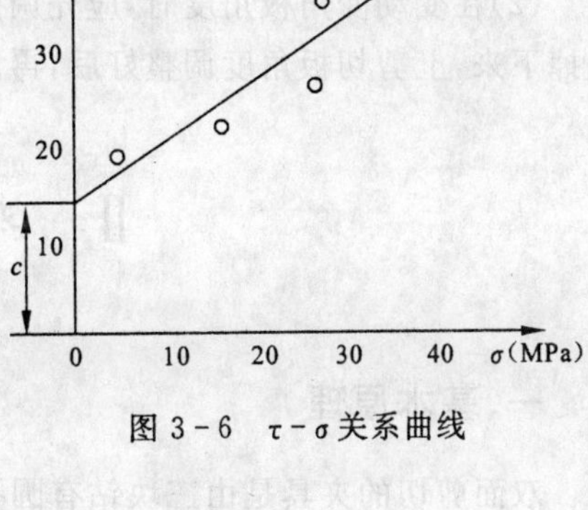

图 3－6　τ－σ 关系曲线

以上两种求内摩擦角(φ)和内聚力(c)的方法可任

选一种,也可两种方法同时用,以便比较。

四、实验报告内容

(1)整理记录表格,见表 3-5 。

(2)整理试样描述记录。

(3)思考题:

①试样放置角为什么要在45°~70°内选择,从应力分布分析,该角度太小或太大会出现什么结果。

表 3-5 抗剪强度实验记录表(变角板法)

试样编号	试样尺寸/mm 长	宽	高	剪切面积/mm²	放置角度/(°)	破坏荷载/N	正应力/MPa	剪应力/MPa	强度参数 c/MPa	φ(°)
试样破坏素描图:					试样描述:					

实验者: 计算者: 校核者: 年 月 日

②试比较变角板法、双面(单面)剪切及三轴剪切等试验方法之间的异同点。

五、注意事项

(1)试验时夹具周围应用木板或其他板材护住压力机立柱,以避免试样突然破坏、夹具滑出而打坏压力机。

(2)在变动变角板角度时,应先调整上剪切板。调整过程中要用手托住变角板以防止变角板掉下来,上剪切板角度调整好后,再调下剪切板,这时须放一块四方柱形铁块代替试样。

Ⅱ 双面(单面)剪切法

一、基本原理

双面剪切的夹具是由三块钻有圆孔的钢块构成的,实验时,将圆柱形试件放入圆孔中,在中间部分加载，试件会沿两个面被剪断(图 3-7)。

单面剪切的夹具则由试件固定框架和加荷剪切刀具组成，实验时，由加荷刀具将固定在框架中的试件切断(图 3-8)，以求岩石的抗剪强度。

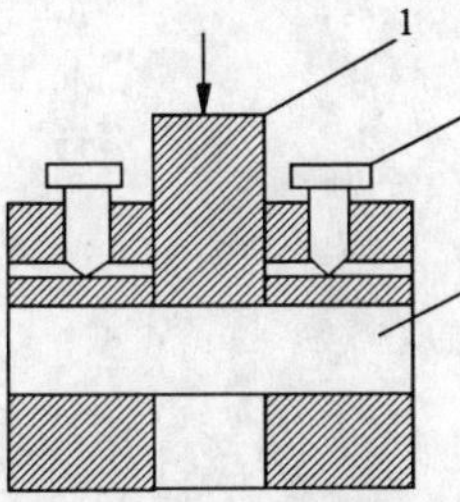

图 3-7　双面剪切器

1—加荷板；2—固定螺丝；3—试块

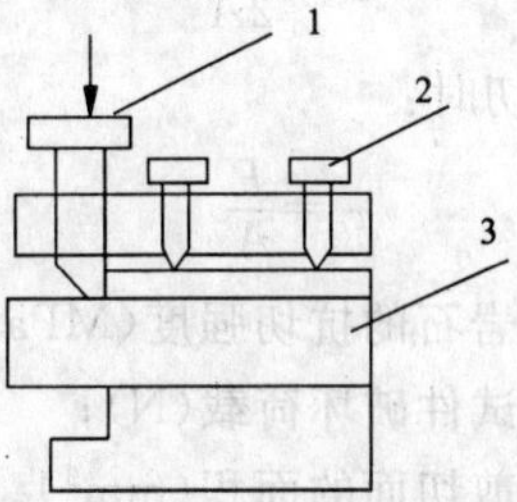

图 3-8　单面剪切器

1—加荷刃口；2—固定螺丝；3—试块

双面(单面)剪切实验的目的是测定岩石的抗切强度，由于剪切面上的法向应力为零，因此抗剪强度仅取决于岩石的内聚力。

二、仪器设备

(1)制样设备：切石机、钻石机及磨石机等；

(2)压力机：技术要求同实验 5；

(3)双面剪切夹具或单面剪切夹具(见图 3-7 和图 3-8)；

(4)测量平台、卡尺、放大镜等；

(5)其他：烘箱、干燥器。

三、操作步骤

1. 试样制备

双面剪切实验采用直径 9cm、长为 20cm 的岩芯柱体。

单面剪切实验采用长 12cm、宽 4cm、高 2cm 的长方柱体。

以上试样每组制备不少于 3 块，试样加工精度同实验 4。

2. 试样描述及尺寸量测

试样描述内容同实验 4；描述后须根据实验要求对试样进行烘干或饱和处理，处理方法同实验 5。

根据实验 2 量积法中规定要求，测量试样尺寸，求得预定剪切面的面积(A)，并做好标记。

3. 安装试样

用双面剪切夹具时，将试样放在剪切夹具内，旋紧两边的固定螺丝，并将加荷板对准试样中间受剪切的标记处。

用单面剪切夹具时，将试样放在固定框架内固定好，并将剪切刀具对准试样受剪切的标记处，然后固定螺丝。

4. 加荷

将安装有试样的剪切夹具置于压力机承压板中心，开动压力机并调整读数指针到零，然后以每秒 0.3～0.5MPa 的加荷速度加荷，直至试样破坏，记下破坏荷载(P)。

5. 计算

按下式计算岩石的抗切强度。

双面剪切时：

$$\tau_c=\frac{P}{2A} \tag{3-17}$$

单面剪切时：

$$\tau_c=\frac{P}{A} \tag{3-18}$$

式中：τ_c——岩石的抗切强度(MPa)；

P——试件破坏荷载(N)；

A——剪切面的面积(mm^2)。

计算结果准确至小数点后一位。

四、实验报告内容

(1)整理记录表格，见表 3-5。

(2)思考题：

试比较角板法、双面剪切及单面剪切实验各自的优缺点。

表 3-6 抗剪强度实验记录表[双面(单面)剪切法]

试样编号	试验状态	受力方向	试样尺寸/mm		破坏荷载	强度参数	
			高 h	直径 D	P/N	φ(°)	c/MPa
试样破坏素描：			试样描述：			剪切强度曲线：	

实验者： 计算者： 校核者： 年 月 日

实验 8 测定岩石的抗折强度

一、基本原理

岩石的抗折强度是指岩石受弯曲至折断时所能承受的最大压力，测定岩石抗折强度的方法是将岩石加工成条形试件，置于固定的两个支点上，然后在其中点施加集中荷载，直至试件破坏，从而通过弹性力学方法求得岩石的抗折强度。

二、仪器设备

(1)制样设备：切石机、磨石机等；

(2)测量平台、卡尺、放大镜等；

(3)万能材料试验机，应满足下列要求：

①有足够的出力；

②能连续加荷而没有冲击；

③测力示值误差应小于2%；

④附有简支梁弯曲实验装置(图3-9)。

(4)其他：烘箱、干燥器等。

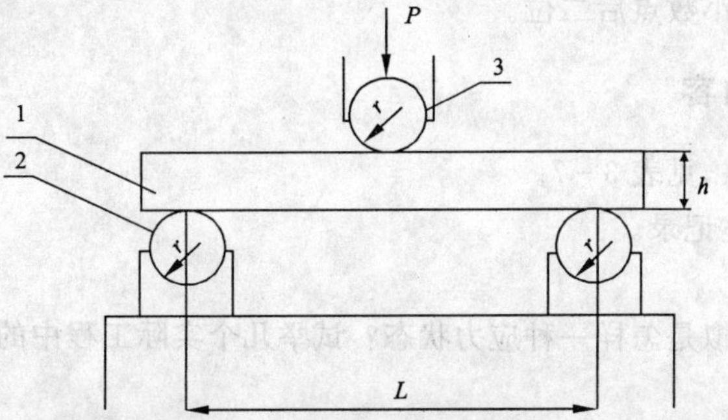

图3-9 弯曲装置示意图

1—试样；2—下支点；3—上支点；L—试样跨度；P—集中荷载；

r—支点曲率半径；h—试样高度

三、操作步骤

1. 试件制备

试件规格采用长12cm、宽4cm、高2cm的长条形柱体，每组不少于3块。加工精度要求：宽、高的误差不大于0.1cm，长度误差不大于1mm，受力的上、下两面应平行，相邻面应互相垂直，并且在试件上不允许有肉眼可见的裂纹。

2. 试件描述

试验前应详细描述试件的岩性、结构构造、结构面特征，试件端部和边角形态等，并按实验要求对试件进行烘干或饱水处理。

3. 量测试件尺寸

按量积法中的规定测量试件的长(l)、宽(b)和高(h)，并在中心及距中心5cm的部位作出标记。

4. 安装试件

调节材料实验机弯曲实验装置上的两个下支点，使其间距为10cm，然后将试件放置在该两支点上(图3-9)，安装时应使支点分别对准试件两端的标记，并使加荷支点(上支点)对准试件中心部位。

5. 加荷

试件安装好后，开动实验机，同时调整压力表指针达到零位，然后以每秒 0.1～0.2MPa 的加荷速度加荷，直至试件破坏，记下破坏荷载(P)。

6. 计算

按下式计算岩石的抗折强度

$$R_b = \frac{3PL}{2bh^2} \tag{3-19}$$

式中：R_b——试件抗折强度(MPa)；

P——试件破坏荷载(N)；

L——支点的跨距(mm)；

b——试件的宽度(mm)；

h——试件的高度(mm)。

计算结果精确至小数点后二位。

四、实验报告内容

(1)整理记录表格，见表 3-7。

(2)整理试件描述记录。

(3)思考题：

抗折强度实验模拟是怎样一种应力状态？试举几个实际工程中的例子。

五、注意事项

(1)在安装试件中，应特别注意要使试件中心与实验机中心相重合，不应有偏心存在。

(2)应严格控制加荷速度，切忌加荷速度过快而产生冲击。

表 3-7 抗折强度实验记录表

试样编号	序号	试样状态	受力方向	试件尺寸/mm		破坏荷载/N	抗折强度 $R_b=\frac{3PL}{2bh^2}$ (MPa)		备注
				宽	高		单值	平均值	

实验者：　　　　计算者：　　　　校核者：　　　　　　　　年　　月　　日

实验 9　测定岩石的点荷载强度

一、基本原理

点荷载试验是将岩石试样置于两个球形圆锥状压板之间，对试样施加集中荷载，直至破坏，然后根据破坏荷载求得岩石的点荷载强度。

点荷载强度可作为岩石强度分类及岩体风化分类的指标，也可用于评价岩石强度的各向异性程度，预估与之相关的其他强度，如单轴抗压强度和抗拉强度等指标。

二、仪器设备

(1)点荷载试验仪

如图 3-10 所示，它包括：

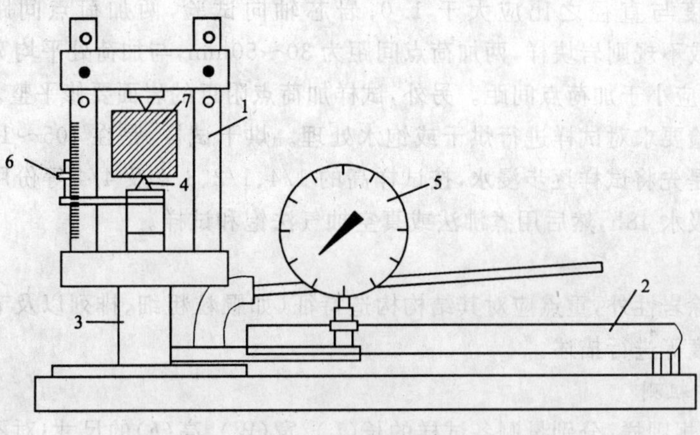

图 3-10　点荷载试验仪

1—框架；2—手摇卧式油泵；3—千斤顶；4—球面压头(简称加荷锥)；5—油压表；6—游标标尺；7—试样

①加载系统，由摇式油泵、承压框架，球端圆锥状压板组成。油泵出力一般约为 50kN；加载框架应有足够的刚度，要保证在最大破坏荷载反复作用下不产生永久性扭曲变形；球端圆锥状压板球面曲率半径为 5mm，圆锥的顶角为 60°(图 3-11)，采用坚硬材料制成。

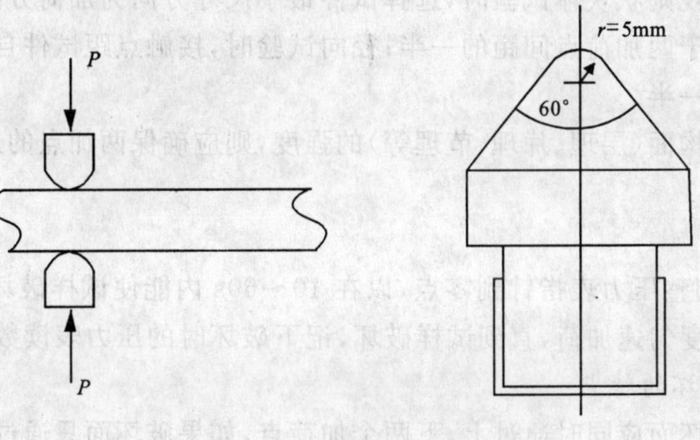

图 3-11　点荷载实验图

②油压表：量程约为10MPa，其测量精度应保证达到破坏荷载读数(P)的2%，整个荷载测量系统应能抵抗液压冲击和振动，不受反复加载的影响。

③标距测量部分：采用0.2mm刻度钢尺或位移传感器，应保证试样加荷点间的测量精度达±0.2mm。

(2)卡尺或钢卷尺；

(3)地质锤。

三、操作步骤

1. 试样制备

(1)试样分组：将肉眼可辨的、工程地质特征大致相同的岩石试样分为一组，如果岩石是各向异性的(如层理、片理明显的沉积岩和变质岩)，还应再分为平行和垂直层理加荷的亚组，每组试样约需15块。

(2)本试验可用岩芯样、规则或不规则岩块样，对不同形状试样的尺寸要求如下：岩芯径向试验，试样的长度与直径之比应大于1.0；岩芯轴向试验，两加荷点间距与直径之比为0.3～1.0；规则或不规则岩块样，两加荷点间距为30～50mm，与加荷处平均宽度之比为0.3～1.0，试件长度不应小于加荷点间距。另外，试样加荷点附近的岩面要修平整。

(3)根据实验要求对试样进行烘干或饱水处理。烘干试样：是在105～110℃温度下烘干12h；饱水试样：是先将试样逐步浸水，按试样高的1/4、1/2、3/4及4/4等份用6h将试样全部浸入水中，自由吸水48h，然后用煮沸法或真空抽气法饱和试样。

2. 描述试样

描述内容：除岩性外，重点应对其结构构造特征(如颗粒粗细、排列以及节理、层理等发育特征)及风化程度等进行描述。

3. 试样尺寸粗测

对岩芯样及规则样，分别量测各试样的长(L)、宽(W)、高(h)的尺寸；对不规则岩块样，可过试样中心点测量试样的长(L)、宽(W)、高(h)的尺寸。

4. 安装试样

试样安装前，先检查试验仪器的上、下两个加荷锥头是否准确对中，然后将试样放置试验仪中，摇动手摇油泵升起下锥头，使加荷锥头与试样的最短边方向(即h方向)紧密接触，注意让接触点尽量与试样中心重合。

用方块状与不规则状块体试验时，选择试件最小尺寸方向为加荷方向，接触点距试件自由端的最小距离不小于两加荷点间距的一半；径向试验时，接触点距试件自由端的最小距离不小于两加荷点间距的一半。

若需要测定结构面(层理、片理、节理等)的强度，则应确保两加点的连线在同一结构面中，如图3-13所示。

5. 加荷

试样安装后，调整压力表指针到零点，以在10～60s内能使试样破坏(相当于每秒0.05～0.1MPa)的加荷速度匀速加荷，直到试样破坏，记下破坏时的压力表读数(F)。

6. 描述试样破坏的特点

正常的试样破坏面应同时通过上、下两个加荷点，如果破坏面只通过一个加荷点，如图3-14所示，便产生局部破坏，则该次试验无效，应舍弃，破坏面的描述还应包括破坏面的平直或

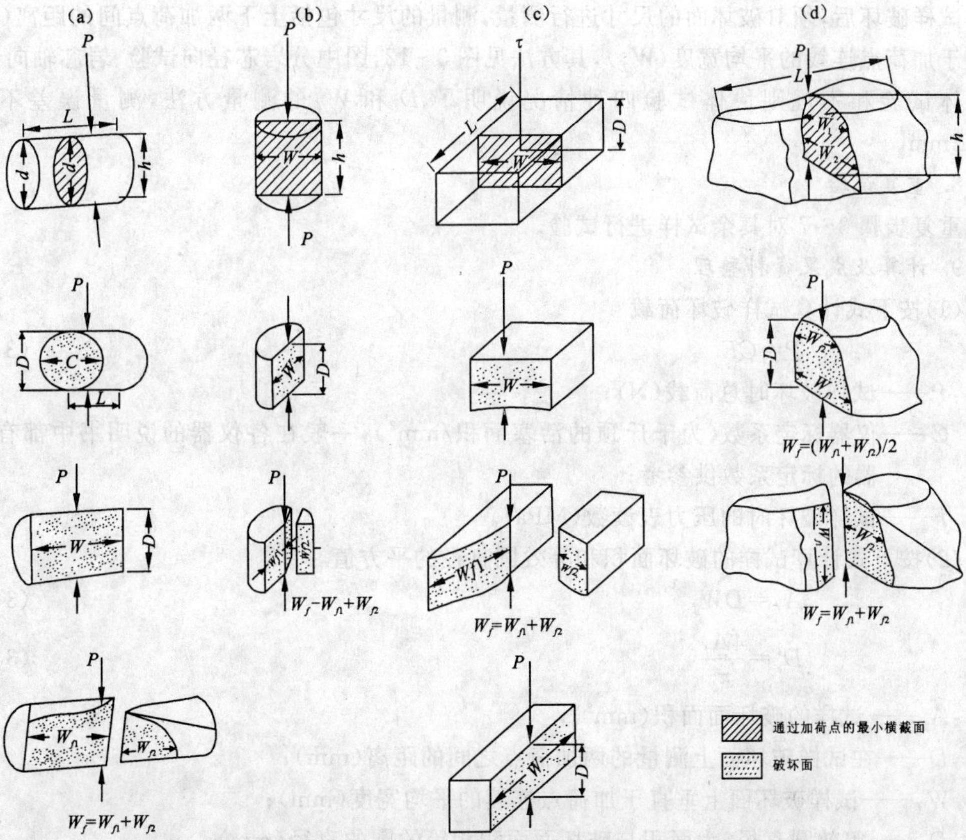

图 3-12　不同形状试样的 L、W、D、W_f 的确定方法及典型的破坏面

(a)岩芯径向试验；(b)岩芯轴向试验；(c)方块体试验；(d)不规则块体试验

P—施加于试样上的荷载；L—试样的长度；W_1—加荷点通过试样最小横截面上端宽度；W_2—加荷点通过试样最小横截面下端宽度；W—加荷点通过试样最小横截面平均宽度；h—试样的高度；W_{f2}—试样破坏的最小宽度；W_{f1}—试样破坏最大宽度；W_f—试样破坏的近似宽度，视试样破坏面的形状而定，可分别为 $W_{f1}+W_{f2}$ 或 $(W_{f1}+W_{f2})/2$，或 $W_f=1/4(\pi C)$；C—试样圆或椭圆破坏面的长轴，与其加荷轴垂直；d—圆柱试样(或岩芯)直径；D—试样破坏面上的荷载之间的距离($D=h$)

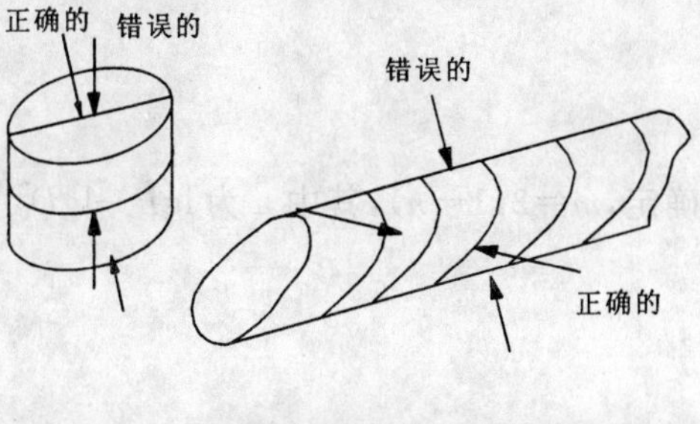

图 3-13　对各向异性岩石施加荷载的正确方法

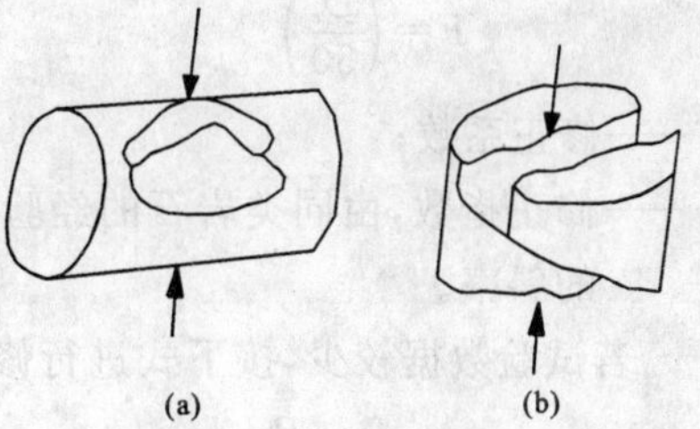

图 3-14　不正确实验的破坏模式

(a)不正确的径向实验；(b)不正确的轴向实验

弯曲等情况。

7. 破坏面尺寸测量

试样破坏后，须对破坏面的尺寸进行测量，测量的尺寸包括上下两加荷点间的距离(D)和垂直于加荷点连线的平均宽度(W_f)，其方法见图 3-12，图中分岩芯径向试验、岩芯轴向试验、方块体试验和不规则块体试验四种情况说明了 D 和 W_f 的测量方法，测量误差不超过±0.2mm。

8. 重复试验

重复步骤 3～7 对其余试样进行试验。

9. 计算及成果资料整理

(1)按下式计算试样破坏荷载

$$P=CF \tag{3-20}$$

式中：P——试样破坏时总荷载(N)；

C——仪器标定系数(为千斤顶的活塞面积/mm^2)，一般在各仪器的说明书中都有该仪器的标定系数供参考；

F——试样破坏时的压力表读数(MPa)。

(2)按下式计算试样的破坏面积和等效圆直径的平方值

$$A_f=DW_f \tag{3-21}$$

$$D_e^2=\frac{4A_f}{\pi} \tag{3-22}$$

式中：A_f——试样的破坏面面积(mm^2)；

D——在试样破坏面上测量的两加荷点之间的距离(mm)；

W_f——试样破坏面上垂直于加荷点连续的平均宽度(mm)；

D_e——等效圆直径，为面积与破坏面面积相等的圆的直径(mm)。

(3)按下式计算岩石试样的点荷载强度

$$I_s=\frac{P}{D_e^2} \tag{3-23}$$

式中：I_s——未经修正的试样点荷载强度(MPa)。

(4)结果修正

当加荷两点间距不等于 50mm 时，应按下面的方法进行修正。

若试验数据较多，按下式进行修正：

$$I_{s(50)}=FI_s \tag{3-24}$$

$$F=\left(\frac{D_e}{50}\right)^m \tag{3-25}$$

式中：F——修正系数；

m——修正指数，由同类岩石的经验值确定，$m=2(1-n)$，其中 n 为 $\lg P—\lg D_0^2$ 关系曲线的斜率。

若试验数据较少，按下式进行修正：

$$I_{s(50)}=\frac{P_{50}}{2\ 500} \tag{3-26}$$

式中：$I_{s(50)}$——经尺寸修正后的岩石点荷载强度(MPa)；

P_{50}——$D_e^2—P$ 关系曲线中 D_e^2 为 2 500mm^2 所对应的 P 值(MPa)。

(5)求平均值

当测得的点荷载强度数据在每组10个以上时，将最高和最低值各删去2个，如果测得的数据较少时，则仅将最高和最低值删去，然后再求其算术平均值，作为该组岩石的点荷载强度，最后结果取至小数点后二位。

四、实验报告内容

(1)整理记录表格，格式见表3-8。

表3-8　点荷载实验记录表

1	试样编组			岩石名称			采样地点			仪器系数C	
2	试样编号										
3	试样形状										
4	含水状态										
5	加荷方向										
6	试样尺寸	长 L(mm)									
		宽 W(mm)									
		高 h(mm)									
7	压力表读数 F(MPa)										
8	总荷载 $P=C\cdot F$(N)										
9	加荷点间距离 D(mm)										
10	破坏面宽度 W_f(mm)										
11	等效圆直径平方 $D_e^2=(4\cdot D\cdot W_f)/\pi$(mm^2)										
12	点荷载强度 $I_s=P/(D_e^2)$(MPa)										
13	I_s 平均值(MPa)										
14	试样破坏特征										

实验者：　　　　计算者：　　　　校核者：　　　　　　　　　　年　　月　　日

(2)整理试样描述资料。

(3)思考题：

①点荷载实验是在怎样的应力状态下进行的？其试样破坏属于什么破坏形式？

②与劈裂法实验相比较有什么异同？

五、注意事项

(1)由于岩石点荷载强度一般都比较低，因此在实验中一定要控制好加荷速度，慢慢加压，使压力表指针缓慢而均匀地前进。

(2)安装试样时，上、下加荷点应注意对准试样的中心，并使其加荷面垂直于加荷点的连线。

(3)在对软岩进行实验时，加荷锥头常有一定的嵌入度，因此，在测量加荷点的距离 D 时，应将卡尺对准试样破坏上加荷锥留下来的两个凹痕底进行量测。

实验10　测定岩石的动力变形参数(声波法)

一、基本原理

岩石的动力变形参数是反映岩石在动荷载作用下变形性质的参数,常用的动力变形参数有:动弹性模量(E_d)、动泊松比(μ_d)及动剪切模量(G_d)等,室内测定岩石的动力变形参数的方法是声波试验法,其基本原理是:在岩石试样中的同测线上分别测量声波的纵波和横波传播速度值,然后根据纵波、横波速度与岩石以及变形参数间的关系,求得动弹性模量、动泊松比以及动剪切模量。

二、仪器设备

(1)岩石超声波参数测定仪;

(2)换能器:包括纵波换能器和横波换能器,频率范围为50kHz~1 500kHz;

(3)耦合剂(测横波波速一般用铝箔或铜箔,测纵波波速一般用黄油、凡士林);

(4)游标卡尺:精度为0.02mm。

三、操作步骤

1. 试样制备

试样制备方法和加工精度同实验4,试样规格采用直径为5cm、高为10cm的圆柱体或边长为5cm、高为10cm的方柱体,常用做岩石变形试验或单轴抗压强度的试样先行测定其动力变形参数。

2. 试件尺寸测量及描述

试样尺寸测量方法同实验二量积法。

试样描述内容包括:岩石名称、结构构造、结构面发育情况及风化程度等。

3. 仪器调试

首先接通电源,开机预热3~5min,然后分别测试换能器系统的延迟时间,方法是:将发射、接收两个换能器对接,中间加耦合剂[图3-15(a)],旋动"扫描延时"旋扭至波形曲线起始点,即可读出换能器与仪器系统的延迟时间(底数)t_{0p}和t_{0s}。

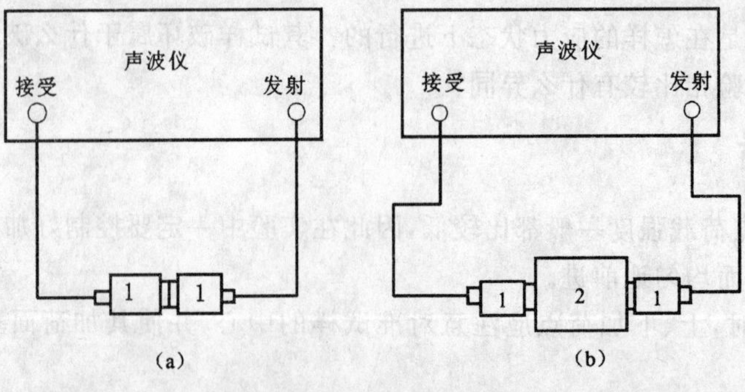

图3-15　试样的纵波测试

1—换能器;2—岩石试样

4. 测定纵、横波在试样中传播的时间

将纵波换能器上加耦合剂，并与试件耦合[图 3-15(b)]，旋动“增益”、“衰减”等相应旋扭，以调节波形使示波器荧光屏上显示的波清晰可辨，然后调节“扫描延迟”使“起标”指向纵波初至位置(图 3-16)，这时显示器中显示的数字即为纵波在试件中传播的时间。

换上横波换能器，用测纵波在试件中传播的时间同样的方法，测定横波在试样中传播的时间。

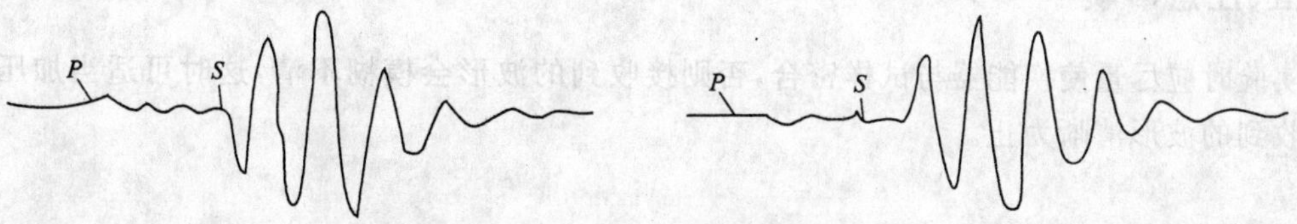

图 3-16　纵、横波波形示意图

P—纵波；S—横波

5. 计算与成果整理

(1)按下式计算纵波及横波的传播时间

$$t_p = t_p{}' - t_{0p} \tag{3-27}$$

$$t_s = t_s{}' - t_{0s} \tag{3-28}$$

式中：t_p、t_s——纵、横波在岩石试样中的传播时间(μs)；

$t_p{}'$、$t_s{}'$——测试时的仪器读数(μs)；

t_{0p}、t_{0s}——延迟时间(μs)。

(2)按下式计算纵波及横波速度

$$V_p = \frac{l}{t_p} \tag{3-29}$$

$$V_s = \frac{l}{t_s} \tag{3-30}$$

式中：V_p、V_s——纵波、横波速度(km/s)；

l——岩石试样长度(mm)；

其余符号意义同前。

(3)按下式计算岩石的动力变形参数

$$E_d = v_p^2\rho\,\frac{(1+\mu_d)(1-2\mu_d)}{1-\mu_d} = 2v_s^2\rho(1+\mu_d)$$

$$\mu_d = \frac{v_p^2 - 2v_s^2}{2(v_p^2 - v_s^2)}$$

$$G_d = \frac{E_d}{2(1+\mu_d)} = v_s^2\rho \tag{3-31}$$

式中：μ_d——动泊松比；

E_d——动弹性模量(GPa)；

G_d——动剪切模量(GPa)；

ρ——岩石密度(g/cm^3)；

其余符号意义同前。

计算结果取至小数点后二位。

四、实验报告内容

(1)整理试验记录,编写报告。

(2)思考题:

影响岩石动弹性模量的因素有哪些?为什么一般岩石的静性模量比动弹性模量小?

五、注意事项

实验时应尽量使换能器与试样密合,否则接收到的波形会模糊不清,这时可适当加压力,至接收到的波形清晰为止。

实验11　测定岩石三轴压力条件下的强度与变形参数

一、基本原理

岩石三轴压力条件下的强度与变形参数主要有:三轴压缩强度、内摩擦角、内聚力以及弹性模量和泊松比。室内三轴压缩实验是将岩石试样放在一密闭容器内,施加三向应力至试件破坏,在加压过程中同时测定不同荷载下的应变值。绘制出$(\sigma_1-\sigma_3)-\varepsilon$应变关系曲线以及强度包络线,求得岩石的三轴压缩强度(σ_1)、内摩擦角(φ)、内聚力(c)以及弹性模量(E)和泊松比(μ)等参数。

根据应力状态的不同,可将三轴压缩实验分为真三轴压缩实验,应力状态为:$\sigma_1\neq\sigma_2\neq\sigma_3>0$;及假三轴压缩实验(或称等侧压三轴压缩实验),应力状态为$\sigma_1>\sigma_2=\sigma_3>0$;本书采用假三轴压缩实验。

二、仪器设备

(1)岩石三轴应力试验机,该试验机由如下几部分组成。

①三轴应力室(图 3-17):由压力室缸体、进油口、传力压杆等组成。要求传力杆端面光滑平整,平整度应为 0.005mm。

②轴向加载系统:由主体、电动高压电泵及控制台等组成,要求该系统有足够的吨位,并能连续加荷,另外上、下承压板需相互平行,其中之一配有球面座,轴向荷载约 5 000kN。

③侧向加载系统:由控制台、电动油泵、增压器和高压输油管组成,该机最大侧向压力可达 150MPa。

如无专门的三轴应力试验机,也可以用普通的压力机,配上符合要求的简易三轴应力室和手摇油泵(侧向加载装置)代替。

(2)试样制备设备:钻石机、切石机、磨石机等。

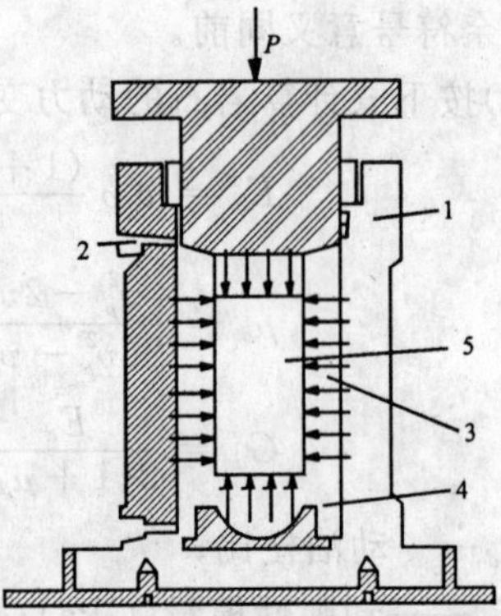

图 3-18　三轴应力试验机压力室装置

1—压力室套筒;2—进油口;3—压液;4—支座;5—试样

(3)变形量测设备：百分表及表座或电阻应变仪，电阻应变片等。

(4)烘箱、干燥箱、煮沸设备或真空抽气设备。

(5)其他：卡尺、乳胶套等。

二、操作步骤

1. 试样制备

(1)试样规格：采用直径为5cm、高为10cm或直径为10cm、高为20cm的圆柱体。

(2)试样加工精度：试样周边应光滑，沿整个高度上的直径误差不超过0.3mm；试样端面不平整小于0.2mm，两端面不平整度最大不超过0.05mm；试样端面应垂直于试样轴线，其最大偏差不应超过0.25°。

(3)试件数量：视实验目的、受力方向和含水状态等要求而定，每种受力方向和含水状态需制备5～7块。

2. 试样描述和尺寸量测

描述内容包括：岩石名称、结构构造、矿物成分等岩性特点以及试件形态、结构面情况及与加荷方向的关系等。

用卡尺测量试件上、中、下三个断面的直径及高，取其平均值作为试件的直径，并计算试件的断面积，取平均高作为试件高。

3. 试样处理

(1)按实验要求的含水状态进行含水状态处理，方法同实验4。

(2)实验前试件的防油处理，步骤如下：首先，在试件表面涂一层胶液（如聚乙烯醇缩醛胶或类似的胶液）；待胶液干后，在试件侧面套上耐油乳胶套，对于试件较多或坚硬裂隙不发育的岩石，可不用乳胶套，但须用塑料布包住，以防止试件破碎后过多的碎屑落入压力室中。

4. 试件安装

(1)先将压力室顶部的螺旋压帽组件卸下并吊在主体的横梁上升起，然后将装有试件的保护筒用卡杆吊起放入压力室中，此时要注意使连接于保护筒下端球柱的凸柱对准压力室底部中心的圆销孔，并放置平稳。

(2)试件在压力室安置好后，用油泵向压力室注油，直至油液达到预定的位置为止，然后打开排气阀，放下螺旋压帽组件，封闭压力室。

5. 变形测量装置的安装

(1)使用百分表测量轴向变形时：将百分表安装在压力室的顶部，测定轴向传力活塞的位移，间接计算试件的轴向变形。

(2)使用电阻应变仪测量变形时：电阻应变片的贴法和导线的焊接以及电阻应变仪的安装同实验4。

6. 侧向压力的选择

侧向压力的选择应考虑：①侧向压力的选择应依据工程实际情况，并考虑到侧力装置的精度；②选定的侧向压力，须使求出的莫尔包络线能明显地反映出所需要的应力区间；③适当照顾莫尔包络线的各个阶段。

7. 选择轴向荷载度量

根据已选定的侧向压力值，按下式选择轴向荷载度盘：

$$P_{max}=(\sigma_c+f\sigma_3)A \qquad (3-32)$$

式中：P_{max}——轴向最大载荷(N)；

σ_c——试样的单轴抗压强度(MPa)；

σ_3——侧向压力(MPa)；

f——系数，一般为 4～6；

A——试件断面积(mm^2)。

8. 实验

(1)实验开始以每秒 0.05MPa 的加荷速度施加侧压力和轴向压力，待加至预定的侧向压力值时，使其保持稳定一段时间，其变化范围不得超过预定值的 29f，然后，再继续以每秒 0.8～1.0MPa 的加荷速度施加轴向荷载，直至试件破坏，记下试件破坏时的最大轴向荷载及相应的侧压力值。

(2)在轴向加荷过程中，同时测记各级应力下试件的轴向变形和侧向变形，为了绘制 $\sigma-\varepsilon$ 曲线，变形测量点应不少于 10 个。

9. 破坏试样的描述

实验结束后，打开压力室取出试件进行描述，并量出最大主应力与破坏面之间的夹角。

10. 计算和资料成果整理

(1)按下式计算不同侧向压力下的轴向应力(三轴压缩强度)

$$\sigma_1 = \frac{P}{A} \tag{3-33}$$

式中：σ_1——不同侧压力下的轴向应力值(MPa)；

P——某一侧向压力下试件破坏时的最大轴向荷载(N)；

A——试件的原始横断面面积(mm^2)。

(2)用侧向应力 σ_3 作横坐标，轴向应力 σ_1 作纵坐标，绘制 $\sigma_1-\sigma_3$ 关系曲线(图 3-19)，在曲线上选取一最佳直线段，求出其斜率(m)和在 σ 轴上的载距(b)。

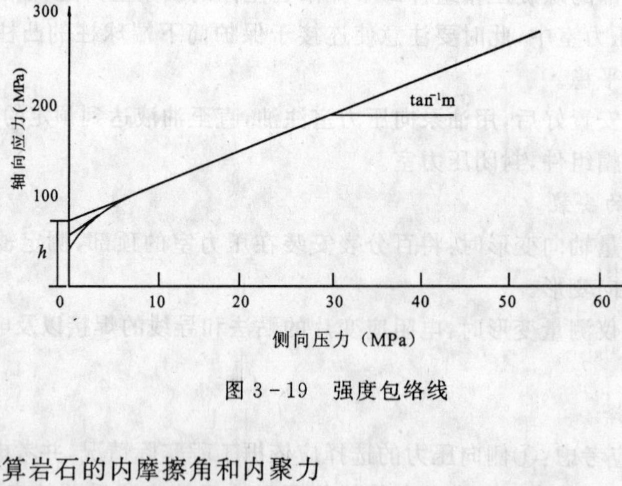

图 3-19 强度包络线

(3)按下式计算岩石的内摩擦角和内聚力

$$\varphi = \sin^{-1}\frac{m-1}{m+1} \tag{3-34}$$

$$c = -\frac{b(1-\sin\varphi)}{2\cos\varphi} \tag{3-35}$$

式中：φ——岩石的内摩擦角(°)；

c——岩石的内聚力(MPa);

m——强度包络线直线段斜率;

b——强度包络线直线段在 σ 轴上的截距。

(4)计算试件的应变

用测微表测定变形时,按下列计算轴向应变

$$\varepsilon_a=\frac{\Delta l_1-\Delta l_2}{l} \tag{3-36}$$

式中:ε_a——轴向应变值;

l——试件高度(mm);

Δl_1——由测微表测定的总变形值(mm);

Δl_2——压力机系统的变形值(mm)。

用电阻应变仪测应变时,按下式计算试件的体积应变值

$$\varepsilon_v=\varepsilon_a-2\varepsilon_c \tag{3-37}$$

式中:ε_v——某一应力下的体积应变值;

ε_a——同一应力下的纵向应变值;

ε_c——同一应力下的横向应变值。

(5)绘制应力($\sigma_1-\sigma_3$)—应变关系曲线,并根据($\sigma_1-\sigma_3$)—应变关系曲线求取岩石的弹性模量和泊松比。

四、实验报告内容

(1)整理记录表格,见表 3-9。

(2)绘制侧向应力 σ_3、轴向应力 σ_1 曲线,并根据曲线求岩石的内摩擦角(φ)和内聚力(c)。

表 3-9 岩石三轴强度实验记录表

试样编号	受力方向	试样状态	试件尺寸/mm		破坏荷载/N	横截面积/mm²	侧向应力/MPa	最大破坏荷载/N	轴向应力/MPa
			直径	高					

实验者: 计算者: 校核者: 年 月 日

(3)绘制应力($\sigma_1-\sigma_3$)—应变关系曲线,并根据曲线求岩石的弹性模量(E)和泊松比(μ)。

(4)整理试样描述资料。

(5)思考题:

①三轴压缩实验可求得哪些力学性质参数?研究三向应力条件下的岩石力学性质有什么实际意义?

②一般情况下应怎样确定最小侧向压力?

五、注意事项

(1)实验过程中,应认真观察各部件变化情况,严格按操作规程操作,当操作台指针呈突然停顿现象时,说明试件即将破坏,此时应注意测记测微表读数。

(2)在安装试件中应打开排气阀,以排除压力室内的空气,向压力室注油应适量,不宜过多,以防止溢油过多。

实验 12　测定结构面的抗剪强度参数(携带式剪切仪法)

一、基本原理

本实验采用 XJ-1 型携带式剪切仪(图 3-20)测定岩体中结构面剪切强度参数。该仪器由上、下剪切盒、水平和垂直向千斤顶以及测微器件和钢丝绳组成。

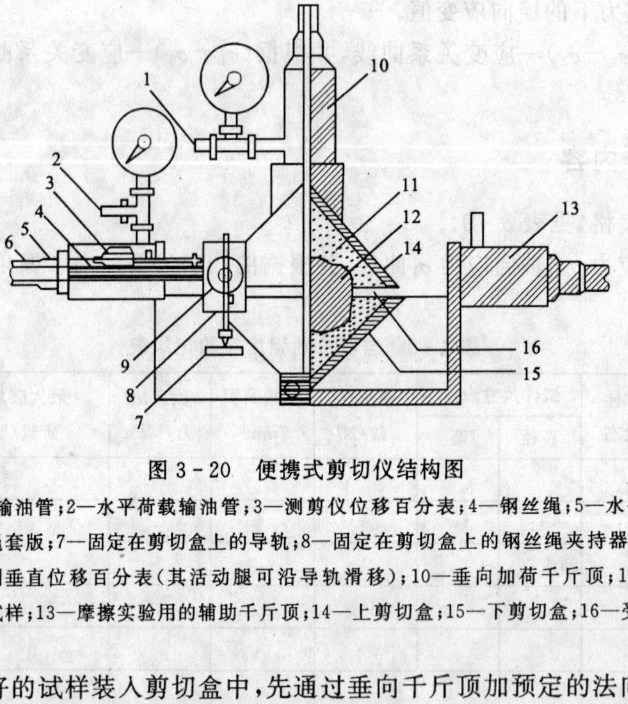

图 3-20　便携式剪切仪结构图

1—垂直荷载输油管;2—水平荷载输油管;3—测剪仪位移百分表;4—钢丝绳;5—水平加荷千斤顶;6—钢丝绳套版;7—固定在剪切盒上的导轨;8—固定在剪切盒上的钢丝绳夹持器;9—安装在夹持器上的测垂直位移百分表(其活动腿可沿导轨滑移);10—垂向加荷千斤顶;11—浇注料;12—不规则试样;13—摩擦实验用的辅助千斤顶;14—上剪切盒;15—下剪切盒;16—受剪面开缝

实验时将制备好的试样装入剪切盒中,先通过垂向千斤顶加预定的法向应力,然后通过水平千斤顶分级施加剪应力至破坏,测得破坏时的极限剪应力(τ_{max}),若分别用多个试样,在不同正应力下,求取其破坏极限剪应力,便可根据库仑定律 $\tau=\sigma \mathrm{tg}\varphi+c$,来确定剪切面的抗剪强度参数(内摩擦角 φ 和内聚力 c)。

二、仪器设备

(1)携带式剪切仪(图 3-20),由三部分组成:

①上、下剪切盒:最大剪切面为 16cm×16cm;

②加荷和测力装置:包括 2 个油泵、3 个千斤顶,每个千斤顶出力 78.4kN,2 个压力表;

③6 个百分表。

(2)制样模具(5 套)及开缝垫条(10 根)。

(3)其他：调土刀、钢锯条、大剪刀、求积仪、红色仪、红色铅笔、细铁丝、高标号水泥、粗砂及碎石、黄油、牛皮纸及透明纸等。

三、操作步骤

1. 试样制备

(1)采样：现场采取试样，其规格为长轴 8～10cm，高约 7～8cm 的近似方块体，也可采大块试样回室内加工成前述规格的试样，注意应使试样保持原状，并在现场用油漆标出剪切方向，用细铁丝将试样捆扎好，以保证试样不被扰动，并现场进行编号登录。

(2)受剪面积的粗测：若试样不规则，可用细铁丝紧贴试样受剪面绕一周，获得一个用铁丝圈成的与受剪面轮廓相应的面积，并将它绘在纸上，用求积仪求出受剪面的粗略面积。

(3)试样浇注：浇注前，在样模内壁涂上一层薄黄油层，并复上一张牛皮纸，以使浇注好的试样易与样模脱离，然后，在半个样模内加少量的水泥砂浆，将式样居中放入，使受剪面高出样模边框 4～5mm，并使之水平；同时保持剪切方向与模具框长边方向一致，随后注入水泥砂浆填满捣实，待水泥砂浆凝固(约 12h)后，在另一半空样模内先加适量砂浆，在模具边框两端各放一根开缝垫条，将已凝固的那一半样模倒转，盖在另一半样模上对齐；然后从开缝中向空模注入砂浆，填满捣实，24h 后拆开取出试样，进行养护，每组需制备 4～6 块(图 3-21)。

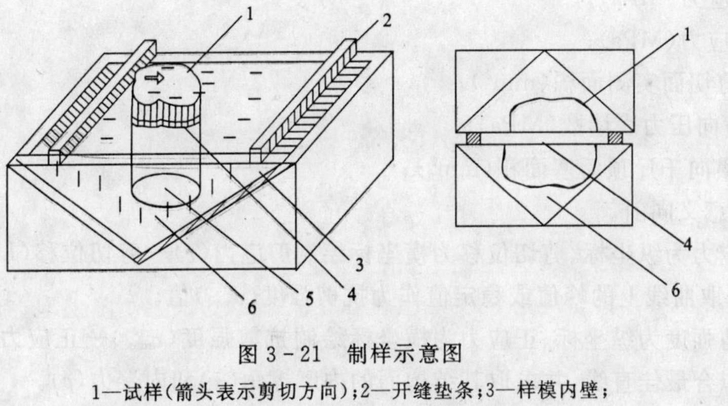

图 3-21　制样示意图

1—试样(箭头表示剪切方向)；2—开缝垫条；3—样模内壁；
4—拟剪面，高出试样模框面 4～5mm；5—样模边框面；6—浇注料

2. 安装试样

将制好的试样置于剪切仪的下剪切盒中，盖上上剪切盒；将油泵与千斤顶连接，稍加垂直和水平荷载，使钢丝绳拉直，剪断(或锯断)捆扎试样的铁丝，注意勿伤及试样，最后，安装垂向和水平百分表，并调零。

3. 加正应力

用垂直加荷系统加预定的正应力，预定的正应力按下式换算成压力表读数：

$$I_\sigma=\frac{\sigma' A_j' - G}{A_v} \tag{3-38}$$

式中：I_σ——垂直压力表读数(MPa)；

σ'——预定的正应力(MPa)；

A_j'——粗测的受剪切面面积(mm^2)；

G——上剪切盒，垂直千斤顶和上半试样的总质量(N)；

A_v——垂直千斤顶活塞面积(mm^2)。

在加正应力过程中，分级记录各垂直百分表读数。

4. 加剪应力

将正应力保持恒定，逐级施加剪应力，每30s加一级，直至试样剪断。剪断标志：水平压力表指针不再上升，甚至下降，或者剪切位移持续增大，每级剪应力的大小，可按正应力的2%～5%取值，在施加每级剪应力之前，应测记剪切位移(L_h)和垂直位移(L_v)。

5. 剪切面积量测与描述

试验结束后，掀去试样上半部分，称取其质量，并测量剪切面积。测量时，可用透明纸覆于剪切面上，用笔勾画出剪切面周围的轮廓线，用求积仪计算出剪切面积的精确面积(A_j)。

6. 重复实验

改变不同的正应力，重复步骤2～5，对其余试样进行实验。

7. 计算及资料整理

(1)按下式计算正应力和剪应力

$$\sigma=\frac{I_\sigma A_v+G}{A_j} \tag{3-39}$$

$$\tau=\frac{I_\tau A_h}{A_j} \tag{3-40}$$

式中：σ——正应力(MPa)；

τ——剪应力(MPa)；

A_j——剪切面实测面积(mm^2)；

I_τ——横向压力表读数(MPa)；

A_h——横向千斤顶活塞面积(mm^2)；

其余符号意义同前。

(2)以剪应力为纵坐标、剪切位移为横坐标绘制剪应力(τ)—剪切位移(L_h)关系曲线(图3-22)，同时，选取曲线上的峰值或稳定值作为抗剪强度(τ_{max})值。

(3)以抗剪强度为纵坐标、正应力为横坐标绘制抗剪强度(τ_{max})—正应力(σ)关系曲线(图3-23)，然后拟合最佳直线，并求取其结构面的内摩擦角(φ)和内聚力(c)。

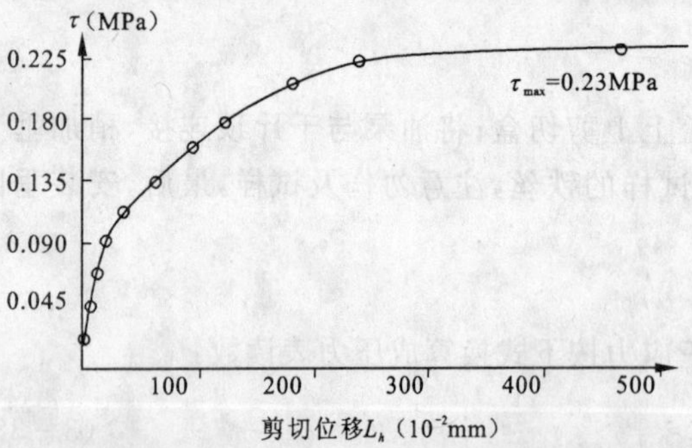

图3-22 剪应力与剪切位移关系曲线

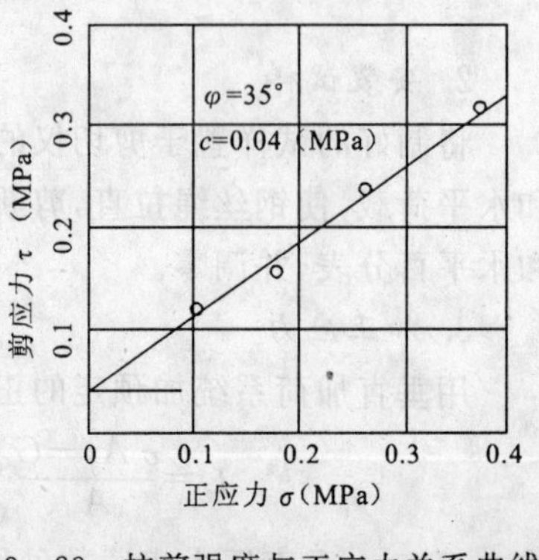

图3-23 抗剪强度与正应力关系曲线

四、实验报告内容

(1)整理记录表格，见表 3－10；

(2)绘制 τ—σ 关系曲线，并求结构面的内摩擦角(φ)和内聚力(c)；

(3)思考题：

对有一定起伏度的结构面进行试验时，正应力保持恒定，随着剪切位移的增加，垂直位移会有什么变化？

五、注意事项

(1)为使水泥砂浆的强度和快速凝固，需在砂浆加入速凝剂，水泥：砂(加碎石)：水的配比大致是 1：0.5：0.4。

(2)如需进行饱水试验，还需将试样先行饱和，饱和方法同实验 3；实验时，需将剪切仪放入水中，并使水浸过剪切面。

表 3－10　剪切实验记录表

试样编号	试样状态	岩性	垂直千斤顶活塞面积/mm²		剪切面实测面积/mm²	
			横向千斤顶活塞面积/mm²		垂直千斤顶、上剪切盒与剪切面上部试样总重量/N	

垂直压力表读数/MPa	压应力/MPa	垂直百分表读数/$\times10^{-2}$mm					横向压力表读数/MPa	剪应力/MPa	横向百分表读数/$\times10^{-2}$mm				
		1	2	3	4	平均			1	2	3	4	平均

实验者：　　　　计算者：　　　　校核者：　　　　　　　　　　年　　　月　　　日

第四章　岩体力学性质试验

实验 13　测定岩体的变形模量(承压板法)

岩体变形参数测试方法有静力法和动力法两种。静力法的基本原理是：在选定的岩体表面、槽壁或钻孔壁面上施加一定的荷载，并测定其变形；然后绘制出压力—变形曲线，计算岩体的变形参数。据其方法不同，静力法又可分为承压板法、狭缝法、钻孔变形法及水压法等。本章仅介绍承压板法。

一、承压板法基本原理

承压板法又分为刚性承压板法和柔性承压板法，我国多采用刚性承压板法。该方法的优点是简便、直观，能较好地模拟建筑物基础的受力状态和变形特征。除常规的承压板法外，还有一种承压板下中心孔变形测试的方法，即在承压板下试体中心打一测量孔，采用多点位移计测定岩体不同深度处的变形值。此外，国际岩石力学学会测试委员会还推荐了一种现场孔底承压板法变形实验。刚性承压板法是通过刚性承压板对半无限空间岩体表面施加压力并量测各级压力下岩体的变形；按弹性理论公式计算岩体变形参数的方法。

刚性承压板法试验一般在实验平硐或井巷中进行。在露天进行实验时，反力装置可利用地锚或重压法，但必须注意实验环境温度变化对实验成果的影响。

二、承压板法的试件制备与描述

(1)试件制备。根据工程需要和工程地质条件选择代表性实验地段和实验点位置，在预定的实验点部位制备试件，要求如下：①试件受压方向应与建筑物基础的实际受力方向一致，并尽可能减少对岩体的扰动和破坏；②承压板边缘至硐侧壁的距离应大于承压板直径的 1.5 倍，至硐口或掌子面的距离应大于承压板直径的 2 倍，至临空面的距离应大于承压板直径的 6 倍，两试件边缘间的距离应大于承压板直径的 3 倍；③试件面积应略大于承压板，其中加压面积不宜小于 2 500cm^2，并凿平整，岩面起伏差不宜大于承压板直径的 1%；④实验反力装置部位应能承受足够的反力，在大约 30cm×30cm 范围内大致平整。

(2)试件地质描述内容包括：①试硐编号、位置、硐底高程、方位、硐深、断面形状及尺寸、开挖方式等；②试件编号、层位、尺寸及制备方法等；③岩性和风化程度、地下水和岩体结构面类型、产状、性质、隙宽、延伸性、密度及充填物性质等情况；④地质描述应提交的图件包括：试段地质素描图、裂隙统计图表及相应的照片、试段地质纵、横剖面图、试件地质素描图等。

三、承压板法仪器设备及其安装调试

1. 仪器设备

(1)加压系统：①液压千斤顶 1～2 台，其出力应根据岩体的坚硬程度、最大试验压力及承

压板面积等选定，并按规范要求进行率定；②液压枕1～2个，单个枕出力一般应为10～20MPa；③油泵1～2台，手摇式或电动式均可，最大压力40～60MPa；④高压油管（铜管或软管）及高压快速接头；⑤压力表1～2个，精度为一级，量程10～60MPa；⑥稳压装置。

(2)传力系统：①承压板，应具有足够的刚度，厚度3cm，面积约2 000～2 500cm²；②钢垫板若干块，面积等于或略小于承压板，厚度2～3cm；③传力柱，应有足够的刚度和强度，其长度视试硐尺寸而定；④钢质楔形垫板若干块。

(3)量测系统：①测表支架两根，钢质，应有足够的刚度和长度；②百分表4～8只；③磁性表架或万能表架4～8个；④测量标点4～8个，铜质或不锈钢质，标点表面应平整光滑；⑤温度计一支，精度0.1℃。

2. 仪器设备的安装调试（图4-1）

(1)传力系统安装：①在制备的试件表面抹一层加有速凝剂的高标号（不低于400#）水泥浆，其厚度以填平岩面起伏为准，然后放上承压板，并使承压板与岩面紧密接触；②依次放上千斤顶、传力柱及钢垫板等，安装时应注意使整个系统所有部件保持在同一轴线上且与加压方向一致；③顶板用加速凝剂的高标号水泥砂浆浇成，浇好后起动液压千斤顶，使整个传力系统各部位接合紧密，并经一定时间的养护备用。

(2)量测系统安装：①在承压板两侧各安放测表支架一根，固定支架的支点必须安放在试验影响范围以外，并用混凝土浇注在岩体上，以防止支架在试验过程中产生沉陷或松动；②在测表支架上安装测表（百分表），测表安装时应注意：测表表腿与承压板或岩面标点垂直且伸缩自如，避免被夹过紧或松动，便于读数和调表；磁性表架的悬臂杆应尽量缩短，以保证表架有足够的刚度。

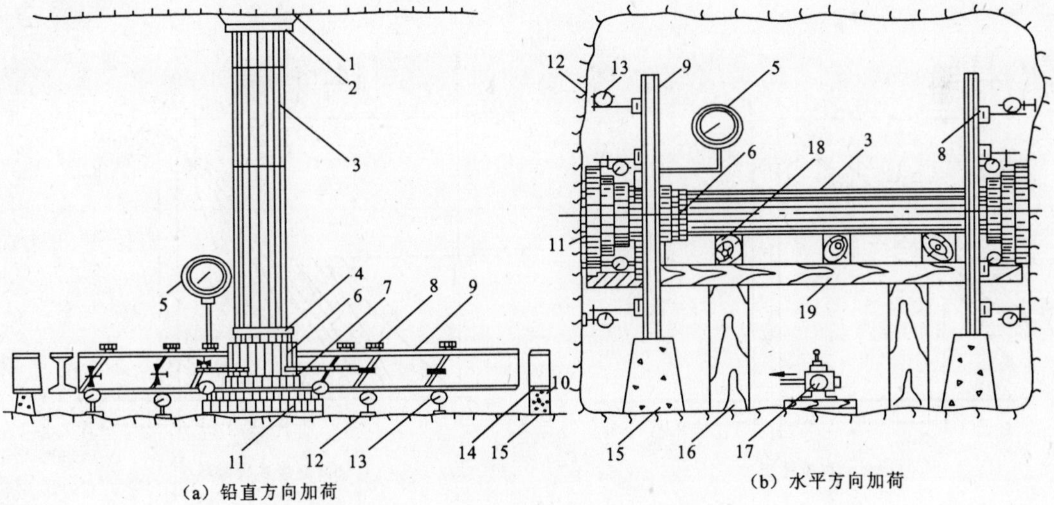

图4-1　刚性承压板法试验安装示意图

1—砂浆顶板；2—垫板；3—传力柱；4—圆垫板；5—标准压力表；6—液压千斤顶；7—高压管（接油泵）；8—磁性表架；9—工字钢梁；10—钢板；11—刚性承压板；12—标点；13—千分表；14—滚轴；15—混凝土支墩；16—木柱；17—油泵（接千斤顶）；18—木垫；19—木梁

四、承压板法的试验要点

(1)准备工作：①按设计压力的1.2倍确定最大试验压力；②根据千斤顶（或液压枕）的率

定曲线及承压板面积计算出施加压力与压力表读数关系的加压表；③测读各测表的初始读数，加压前每 10min 读数一次，连续三次读数不变，即可开始加压。

(2)加压：①将确定的最大压力分为 5 级并分级施加压力；加压方式一般采用逐级一次循环加压法，必要时可采用逐级多次循环法(图 4-2)。②加压后立即读数一次，此后每隔 10min 读一次数，直到变形稳定；卸压过程中的读数要求与加压同；板外测点可在板上测表读数达到稳定后一次性读数。③变形稳定标准，当所有承压板上测表相邻两次读数之差 ΔW_i 与同级压力下第一次读数与前一级压力下最后一次读数差 W_i 的比值 $\left|\frac{\Delta W_i}{W_i}\right|<5\%$时，可认为变形达到了稳定(图 4-3)。④某级压力加完后卸压，卸压时应注意除最后一级压力卸至零外，其他各级压力均应保留接触压力(0.1～0.05MPa)，以保证操作安全。

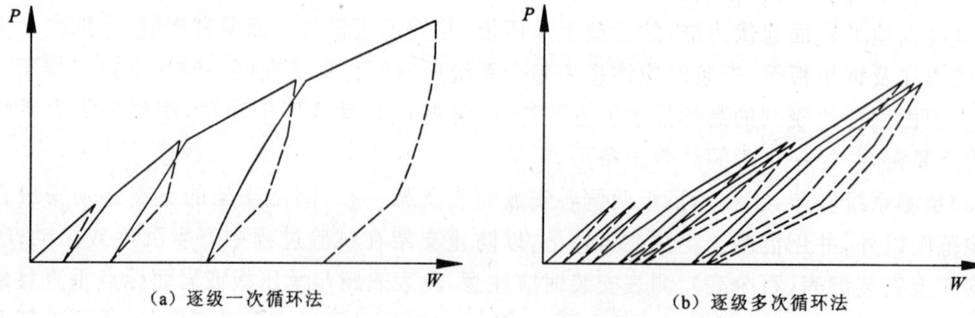

图 4-2　加压方式示意图

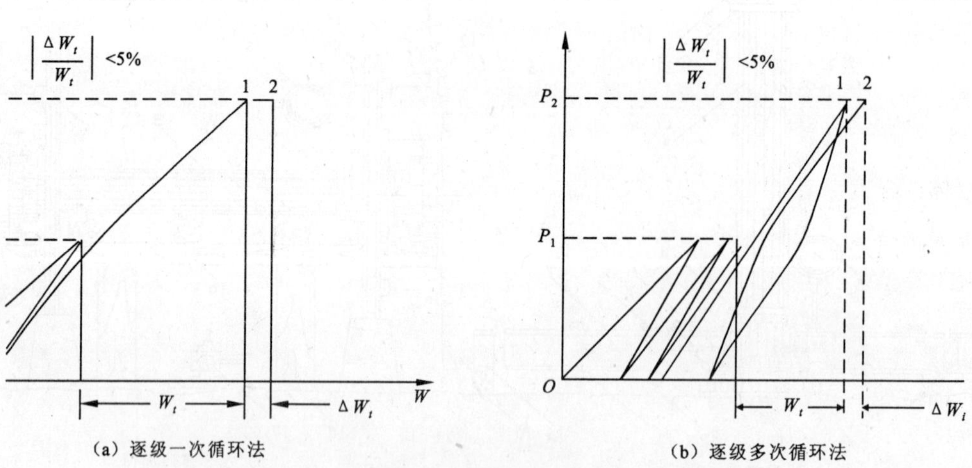

图 4-3　压力—变形曲线及相对变形变化的计算图

(3)重复加压，第一级压力卸完后，接着加下一级压力，如此反复直至最后一级压力，各级压力下的读数要求与稳定标准相同。

(4)在实验过程中，应认真填写实验记录表格并观察试件变形破坏情况，最好是边读数、边记录、边点绘承压板上代表性测表的压力—变形关系曲线，发现问题及时纠正处理。

(5)实验设备拆卸。实验完毕后，应及时拆除实验装置，步骤与安装步骤相反。

五、试验成果整理与应用

(1)参照试验现场点绘的测表压力—变形曲线，检查、核对试验数据。

(2)变形值计算，调(换)表前一律以某级读数与初始读数之差作为某级压力下的变形值；调(换)表后的变形值用调(换)表后的稳定值作为初始读数进行计算；两次计算所得值之和为该表在某级压力下所测总变形值。以承压板上各有效表的总变形值平均值作为总变形值。

(3)以压力 p(MPa)为纵坐标、变形值 W(10^{-4}cm)为横坐标，绘制 $p-W$ 关系曲线。在曲线上求取某压力下岩体的弹性变形、塑性变形及总变形值。

(4)按下式计算岩体的变形模量或弹性模量

$$E_0=\frac{m(1-\mu^2)pd}{W} \tag{4-1}$$

式中：E_0——岩体的变形模量或弹性模量(MPa)；当 W 为总变形量(cm)代入式中计算时为变形模量，当 W 以弹性变形量代入式中计算时为弹性模量；

m——承压板形状系数，圆形板 $m=\frac{\pi}{4}=0.785$，方形板 $m=0.886$；

μ——岩体的泊松比；

p——按承压板单位面积计算的压力(MPa)；

d——承压板的直径(圆形板)或边长(方形板，cm)。

承压板变形试验的主要成果是 p—W 曲线及由此计算得到的变形模量。这些成果可应用于分析研究岩体的变形机理和变形特征，同时，岩体的变形模量等参数也是工程岩体力学数值计算中不可缺少的参数。

实验 14　测定岩体的剪切强度参数(双千斤顶法)

岩体的强度参数是工程岩体破坏机理分析及稳定性计算不可缺少的参数，由于原位岩体实验考虑了岩体结构及其结构面的影响，因此其实验成果较室内岩块实验更符合实际。因此，目前主要依据现场岩体力学实验求得。特别是在一些大型工程的详勘阶段，大型岩体力学实验占有很重要的地位，是主要的勘察手段。原位岩体强度实验主要有直剪实验(包括结构面剪切)、单轴和三轴抗压实验等。本节主要介绍直剪实验及三轴抗压实验的原理与方法。

一、直剪实验

1. 基本原理与方法

岩体原位直剪实验是岩体力学实验中常用的方法，它又可分为剪断岩体、沿结构面及岩体与混凝土接触面剪切三种。每种实验又可细分为抗剪断实验、摩擦实验。抗剪断实验是试件在一定的法向应力作用下沿某一剪切面剪切破坏的实验，所求得的强度为试体沿该剪切面的抗剪断强度；摩擦试验是试件剪断后沿剪切面继续剪切的试验，所求得的强度为试件沿该剪切面的残余剪切强度。

直剪试验一般在平硐中进行，如在试坑或大口径钻孔内进行，则需设置反力装置。如图 4-4 为常见的直剪实验布置方案，当剪切面水平或近水平时，采用图 4-4(a)、(b)、(c)、(d)方案，其中图 4-4(a)、(b)、(c)为平推法，图 4-4(d)为斜推法，当剪切面为陡倾时采用图 4-4(e)、(f)方案。图 4-4(a)施加剪切荷载时有一力矩 e_1 存在，使剪切面的剪应力及法向应力分布不均匀。图 4-4(b)使法向荷载产生的偏心力矩 e_2 与剪切荷载产生的力矩平衡，改善了剪切面上的应力分布，但法向荷载的偏心力矩较难控制。图 4-4(c)剪切面上的应力分布均匀，但试体加工有一定难度。图 4-4(d)法向荷载与斜向荷载均通过剪切面的中心，α 一般为 15°左右，但在试验过程中为保持剪切面上的法向应力不变，需同步降低由于斜向荷载增加的那一部分法向荷载。图 4-4(e)适用于剪切面上法向应力较大的情况。图 4-4(f)适用于剪切面上应力较小的情况。

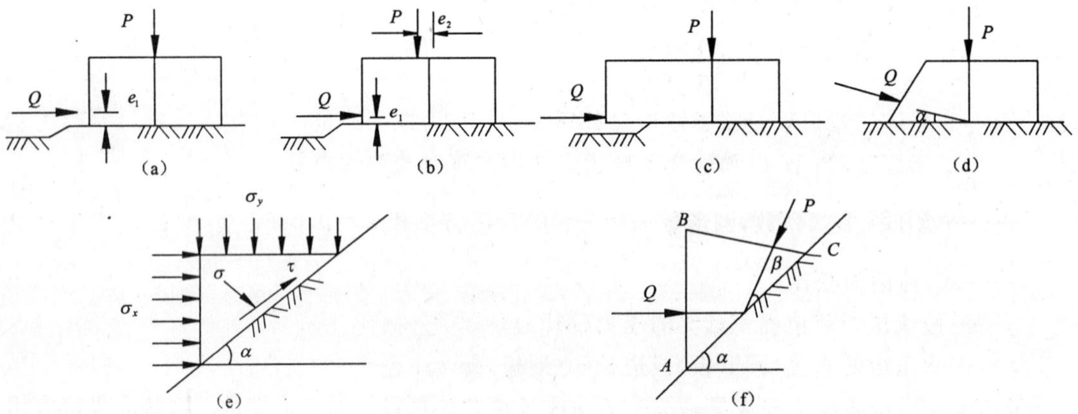

图 4-4　岩体现场直剪试验布置方案

P—垂直(法向)荷载；Q—剪切荷载；σ_x、σ_y—均布应力；

τ—剪应力；σ—法向应力；e_1、e_2—偏心矩。

(a)、(b)、(c)平推法；(d)斜推法；(e)、(f)沿倾斜软弱面剪切的楔形体

另外，岩体直剪实验一般需制备多个试件在不同的法向应力作用下进行实验，这时由于试件之间的地质差异，将导致实验结果十分离散，影响成果整理与取值。因此，工程界还提出了一种叫单点法的直剪实验，即利用一个试件在多级法向应力下反复剪切；但除最后一级法向应力下将试件剪断外，其余各级均不剪断试件，只将剪应力加至临近剪断状态后即卸荷。具体方法可参考有关文献。

2. 试件制备与地质描述

(1)试件制备。在选定的实验部位，切割出方柱形试件，要求如下：①同一组试件的地质条件应基本相同且尽可能不受开挖的扰动，每组试件宜不少于 5 块，每块试件面积不小于 2 500cm²，最小边长不小于 50cm，高度为最小边长的 1/2，试件之间的距离应大于最小边长的 1.5倍；②试件各面需凿平整；对裂隙岩体、软弱岩体或结构面试件应设置钢筋混凝土保护罩，罩底预留 0.5～2cm 的剪切缝；③对斜推法试件，在施加剪应力的一面应用混凝土浇注成斜面，也可在试件受剪力面放置一块夹角约 15°的楔形钢垫板。

(2)地质描述内容与要求如下：①实验及开挖、试件制备的方法及其情况；②岩石类型、结构构造及主要矿物成分；③岩体结构面类型、产状、宽度、延伸性、密度及充填物性质等；④试验段岩体风化程度及地下水情况；⑤应提交的图件为试验地段工程地质图及试体展示图、照片等。

3. 仪器设备及安装调试(图 4-5)

(1)加压系统。①液压千斤顶，50～100t 与 100～200t 各一台，使用应按有关规定进行率

定；②液压枕 2 台，出力 10～20MPa 左右；③手摇式或电动式油泵，最大压力 50～80MPa；④压力表 2～4 个，最大压力 50～80MPa，精度一级；⑤高压油管及快速接头；⑥稳压装置。

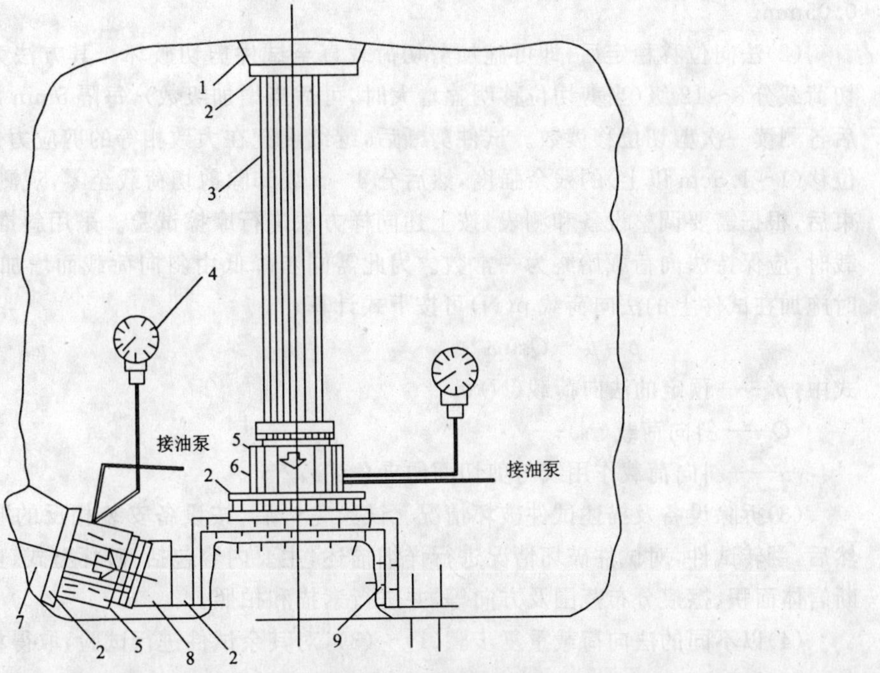

图 4-5　岩体本身抗剪强度实验安装示意图

1—砂浆顶板；2—钢板；3—传力柱；4—压力表；5—液压千斤顶；6—滚轴排；7—混凝土后座；8—斜垫板；9—钢筋混凝土保护罩

(2)传力系统。①传力柱，水平与垂直各一套，有足够的刚度、强度和长度；②钢垫板一套，尺寸与试件加压面积相同；③滚轴排，尺寸与试件面积配套，有足够的刚度与强度。

(3)量测系统。①测表支架 2 根，钢质，应有足够的刚度和长度；②百分表 4～8 只；③磁性表架或万能表架 4～8 个。

(4)法向荷载系统安装。①在试件顶部铺设一层水泥砂浆，放上垫块使之与试件密合且平行于剪切面；然后依次放上滚轴排、垫板、千斤顶、传力柱及顶部垫板，并在垫板与反力座之间浇筑混凝土；②安装完毕后起动千斤顶稍加压力，使整个系统结合紧密；③应使整个系统所有部件保持在同一轴线上并垂直于预定剪切面。

(5)剪切荷载系统安装。①在试件受力面用水泥砂浆黏贴一块垫板，垫板应垂直预定剪切面，在垫板后依次安放传力块(平推法)或楔形垫板(斜推法)、千斤顶及垫板，并在垫板与反力座之间浇筑混凝土；②应使剪切方向与预定推力方向一致；平推法的剪切荷载作用线应平行于剪切面，斜推法的剪切荷载作用线与法向荷载作用线应交于剪切面中心。

(6)量测系统安装。①安装测表支架，固定支架的支点应位于变形影响范围以外；②在支架上通过磁性表座安装百分表，在试件对称部位上分别安装剪切位移和法向位移测表，每种测表数量不应少于 2 只。

4. 实验要点

(1)按预定的法向应力对试件分级施加法向荷载，一般应分为 4～5 级，每隔 5min 加一级，并测读每级荷载下的法向位移。在加到最后一级荷载时，要求测读稳定法向位移值。其稳定标准为：对无充填结构面和岩体，每隔 5min 读一次数，连续两次读数之差不超过 0.01mm；对有充填结构面，可根据结构面厚度和性质，按每 10～15min 读一次数，连续两次读数差不超过 0.05mm。

(2)法向位移稳定后，即可施加剪切荷载直至试件剪切破坏。其方法为：按预估的最大剪切荷载分 8～12 级(当剪切位移明显增大时，可适当增加级数)，每隔 5min 加一级，并在加荷前后各测读一次剪切位移读数。试件剪断后，继续测记在大致相等的剪应力作用下，不断发生大位移(1～1.5cm 以上)的残余强度，然后分 4～5 级卸除剪切荷载至零，观测回弹变形。试验结束后，根据需要调整设备和测表，按上述同样方法进行摩擦试验。采用斜推法分级施加斜向荷载时，应保持法向荷载始终为一常数。为此需同步降低由斜向荷载而增加的法向分荷载。这时施加在试件上的法向荷载 p(N)可按下式计算

$$p=p'-Q\sin\alpha \tag{4-2}$$

式中：p'——预定的法向荷载(N)；

Q——斜向荷载(N)；

α——斜向荷载作用线与剪切面的夹角(°)。

(3)拆除设备及描述试件破坏情况。试验完毕后，按设备安装相反的顺序拆除试验设备。然后，翻转试件，对试件破坏情况进行详细描述，主要内容包括：破坏型式、剪切面起伏情况、剪断岩体面积、擦痕分布范围及方向等，并进行素描和拍照。

(4)以不同的法向荷载重复步骤(1)～(3)，对其余试件进行试验，取得相应的资料。

5. 成果整理

(1)按下列方法计算各级荷载作用下剪切面上的应力。

平推法：

$$\sigma=\frac{p}{A} \tag{4-3}$$

$$\tau=\frac{Q}{A} \tag{4-4}$$

斜推法：

$$\sigma=\frac{p}{A}+\frac{Q}{A}\sin\alpha \tag{4-5}$$

$$\tau=\frac{Q}{A}\cos\alpha \tag{4-6}$$

式中：σ、τ——分别为作用于剪切面上的法向应力和剪应力(MPa)；

A——剪切面面积(mm^2)；

其余符号意义同前。

(2)绘制各法向应力下的剪应力(τ)与剪位移。根据曲线特征，确定岩体的比例极限、屈服强度、峰值强度及残余强度等数据。

(3)绘制法向应力与比例极限、屈服强度、峰值强度及残余强度关系曲线，并按库仑表达式确定相应的 c、φ 值。

如果试验是沿结构面剪切或岩体与混凝土的接触面剪切，则所求的 c、φ 值为结构面或岩体与混凝土接触面的 c、φ 值，其试验方法和资料整理方法相同。在工程岩体稳定性分析中，可根据岩体性质、工程特点，并结合地区经验等对试验成果进行综合分析，选取适当的岩体抗剪

强度参数。

二、三轴试验

1. 基本原理

原位岩体三轴试验一般是在平硐中进行的，即在平硐中加工试件，并施加三向压力，然后根据莫尔理论求岩体的抗压强度及 E_0、μ 等参数。试验又分为等围压（$\sigma_1>\sigma_2=\sigma_3$）三轴试验和真三轴（$\sigma_1>\sigma_2>\sigma_3$）试验，可根据实际情况选用。因此，为了确定围压和轴向压力的大小和加荷方式，试验前应了解岩体的天然应力状态及工程荷载情况。

2. 试件制备与地质描述

试件制备，在选定的试验部位，切割出立方体或方柱形试件，一面与岩体相连，试件的最小边长应不小于 30cm，每组 5 块，同一组试件的地质条件应基本相同。

地质描述。同直剪试验。

3. 仪器设备与安装调试

(1)加压系统。①液压千斤顶 100～200t，5～8 台；②液压枕 4～5 台，加压面积应与试件受压面相适应，出力 10～20MPa；③手摇式或电动式油泵，最大压力应与施压相匹配；④压力表若干个；⑤高压油管及快速接头；⑥稳压装置。

(2)传力系统包括传力柱、传力架及钢垫板，数量和尺寸应能满足试验的需要。

(3)量测系统包括测表支架、磁性表座和百分表等。

(4)其他。包括沥青油毛毡、毛毡及黄油等润滑系统和安装工具等。

(5)围压设备安装（图 4-6）。在各侧面对应的硐体部位设置反力台，并在试件外表、毛毡和油毛毡上抹一层黄油，然后将毛毡、油毛毡、承压板、千斤顶（或液压枕）传力架及垫板依次安装上去，再在垫板与反力台间浇注水泥砂浆。

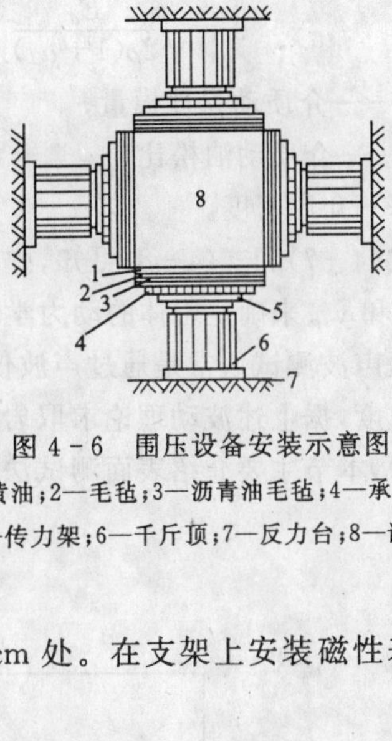

图 4-6　围压设备安装示意图

1—黄油；2—毛毡；3—沥青油毛毡；4—承压板；5—传力架；6—千斤顶；7—反力台；8—试体

(6)轴压设备安装，同承压板法。

(7)量测系统安装，将测表支架固定在混凝土上，固定支架的支点应位于两侧反力台以外 100～200cm 处。在支架上安装磁性表座和百分表。

4. 实验要点

(1)按预定的围压对试件施加围压。等围压试验时，试件的围压宜一次同步加完。加压后测记试件轴向和侧向稳定变形值。

(2)施加轴压。①试件在围压下变形稳定后，立即施加轴向压力直至试件破坏；轴向压力的加载速度按应力控制方式；一般采用一次连续加载法和逐级一次循环加载法；②在加轴压过程中，应同时测记不同轴向应力下的轴向变形和侧向变形值；③当后一次加载后试件的变形比前一次明显增加时，应予以稳压，每隔 1min 读一次，连续 5 次累积变形达 0.5～1mm 时，即认为试件已经破坏，可终止试验；④试验结束后应对破坏后的试件进行素描与照像。

(3)重复试验，以不同的围压重复步骤(1)～(2)，对其余试件进行试验，取得相应的资料。

5. 成果整理与应用

成果整理基本同室内三轴实验，内容包括：

(1)在 $\tau-\sigma$ 坐标系中，绘制极限应力圆包络线，并求出岩体的剪切强度参数 c、φ 值；

(2)绘制 $(\sigma_1-\sigma_3)-\varepsilon$(应变)曲线，求出岩体的变形模量与泊松比 μ。

岩体 c、φ 值是工程岩体稳定性分析及岩土工程设计施工中十分重要的参数，可根据岩体性质、工程特点，并结合地区经验等对试验成果进行综合分析适当选取。

实验 15　测定岩体的声波速度

一、基本原理

岩体声波测试技术是一项比较新的测试技术，它与传统的静载测试相比，具有独特的优点：轻便简易、快速经济、测试内容多且精度易于控制，因此具有广阔的发展前景。

据波动理论，传播于连续、各向同性弹性介质中的纵波速度(v_p)和横波速度(v_s)为

$$v_p=\sqrt{\frac{E_d}{2\rho(1+\mu_d)(1-2\mu_d)}} \tag{4-7}$$

$$v_s=\sqrt{\frac{E_d}{2\rho(1+\mu_d)}} \tag{4-8}$$

式中：E_d——介质动弹性模量；

μ_d——介质动泊松比；

ρ——介质密度。

由式(4-7)和式(4-8)可知，弹性波的传播速度与 ρ、E_d 和 μ_d 有关，这样可通过测定岩体中的 v_{pm} 和 y_{sm} 来确定岩体的动力学性质。

工程声波测试通常是通过声波仪发生的电脉冲(或电火花)激发声波，并测定其在岩体中的传播速度，据上述波动理论求取岩体动力学参数。声波测试又分为单孔法、跨孔法和表面测试法几种，本节主要介绍表面测试法(图 4-7)。

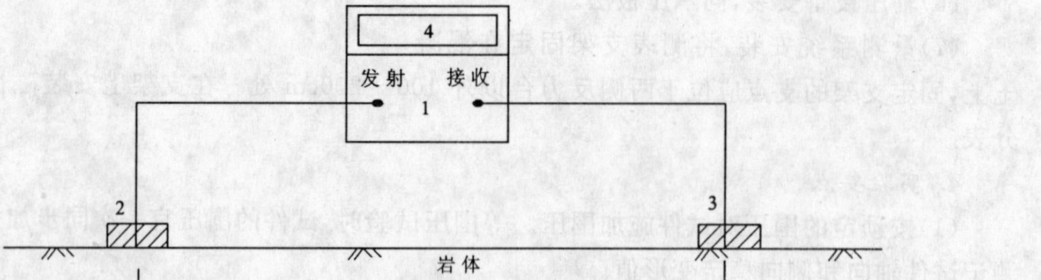

图 4-7　岩体表面声波测试装置示意图

1—声波仪；2—发射换能器；3—接收换能器；4—显示器及计时装置

二、测线(点)选择与地质描述

在平硐、钻孔或地表露头上选择代表性测线和测点。测线应按直线布置，各向异性岩体应按平行与垂直主要结构面布置测线。相邻两测点的距离，可据声波激发方式确定，换能器激发为1～3m，电火花激发为10～30m，锤击激发应大于3m。

测点地质描述内容包括：岩石名称、颜色、矿物成分、结构构造、胶结物性质与风化程度；主要结构面产状、宽度、长度、粗糙程度和充填物性质及其与测线的关系等；提交测点平面展示图，剖面图及钻孔柱状图等图件。

三、仪器设备

(1)声波岩体参数测定仪。

(2)换能器，包括发射与接收换能器，要求规格齐全，能适应不同方法测试。

(3)其他：黄油、凡士林、铝箔或铜箔纸等。

四、试验要点

(1)准备工作，安装好仪器设备后开机预热3～5min。

(2)测定零延时 t_{0p}、t_{0s}值。将加耦合剂的发射、接收换能器(纵波或横波换能器)对接，旋动"扫描延时"旋扭至波形曲线起始点，打开仪器，读零延时 t_{0p}、t_{0s}值。

(3)测定纵波、横波在岩体中传播的时间。擦净测点表面，换能器放置在测点表面压紧。然后将"扫描延时"旋扭旋至纵波(或横波)初到位置，读纵波(或横波)的传播时间 t_p(或 t_s)。要求每一对测点读数3次，读数之差应不大于3%。

(4)量测发射与接收换能器之间的距离 L，测距相对误差应小于1%。

(5)取代表性岩块试件在室内测定岩石的密度(ρ)和纵、横波速度 v_{pr} 和 v_{sr}(方法同上)。

五、成果整理与应用

(1)按下式计算岩体的纵、横波速度(v_{pm}、v_{sm})(km/s)

$$v_{pm}=\frac{L}{t_p-t_{0p}} \tag{4-9}$$

$$v_{sm}=\frac{L}{t_s-t_{0s}} \tag{4-10}$$

式中：L——换能器间的距离(km)；

t_p、t_s——分别为纵、横波走时读数(s)；

t_{0p}、t_{0s}——分别为纵、横波零延时初始读数(s)。

(2)按下列公式计算岩体动弹性参数

$$E_d=v_{pm}^2\rho\,\frac{(1+\mu_d)(1-2\mu_d)}{1-\mu_d} \tag{4-11}$$

或

$$E_d=2v_{sm}^2\rho(1+\mu_d) \tag{4-12}$$

$$\mu_d=\frac{v_{pm}^2-2v_{sm}^2}{2(v_{pm}^2-v_{sm}^2)} \tag{4-13}$$

$$G_d=\frac{E_d}{2(1+\mu_d)}=v_{sm}^2\rho \tag{4-14}$$

式中：E_d——岩体的动弹性模量(GPa)；

μ_d——岩体的动泊松比；

G_d——岩体的剪切模量(GPa)；

λ_d——岩体的动拉梅常数(GPa)；

其余符号意义同前。

(3)按下式计算岩体的声学参数

$$\eta=\frac{v_{pm/\!/}}{v_{pm\perp}} \tag{4-15}$$

$$k_v=\left(\frac{v_{pm}}{v_{pr}}\right)^2 \tag{4-16}$$

式中：η——岩体的各向异性系数；

$v_{pm/\!/}$——平行结构面方向的纵波速度；

$v_{pm\perp}$——垂直结构面方向的纵波速度；

k_v——岩体的完整性系数；

v_{pr}——岩块的纵波速度。

从大量试验资料(表4-1)表明，不论是岩体还是岩块，其动弹性模量都普遍大于静弹性模量，两者的比值 E_d/E_{me}，对坚硬完整岩体约为1.2～2.0左右；而对风化及裂隙发育的岩体和软弱岩体，E_d/E_{me} 较大，一般为1.5～10.0，大者可超过20.0。

表4-1 岩体动、静弹性模量比较表

岩石名称	静弹模 E_{me} (GPa)	动弹模 E_d (GPa)	E_d/E_{me}	岩石名称	静弹模 E_{me} (GPa)	动弹模 E_d (GPa)	E_d/E_{me}
花岗岩	25.0～40.0	33.0～65.0	1.32～1.63	大理岩	26.2	47.2～66.9	1.77～2.59
玄武岩	3.7～38.0	6.1～38.0	1.0～1.65	石灰岩	3.93～39.6	31.6～54.8	1.38～8.04
辉绿岩	14.8	49.0～74.0	3.31～5.00	砂岩	0.95～19.2	20.6～44.0	2.29～21.68
闪长岩	1.5～60.0	8.0～76.0	1.27～5.33	细粒砂	1.3～3.6	20.9～36.5	10.0～16.07
石英片岩	24.0～47.0	66.0～89.0	1.89～2.75	页　岩	0.66～5.00	6.75～7.14	1.43～10.2
片麻岩	13.0～40.0	22.0～35.4	0.89～1.69	千枚岩	9.80～14.5	28.0～47.0	2.86～3.2

利用以上各种指标可以评价岩体的力学性质、岩体质量、风化程度及其各向异性特征。此外，还可以波速指标进行岩体风化分带、岩体分类和确定地下硐室围岩松弛带等。

第五章 岩体天然应力试验

实验 16 测定岩体中的天然应力

地应力是工程岩体稳定性分析及工程设计的重要参数。目前，地应力主要靠实测求得，特别是构造活动较强烈及地形起伏复杂的地区。由于应力不能直接测得，只能通过量测应力变化引起的诸如位移、应变等物理量的变化值，然后基于某种假设反算出应力值。因此，目前国内外使用的所有应力量测方法，都是在平硐壁面或地表露头面上打钻孔或刻槽，引起应力扰动，然后用探头量测由于应力扰动而产生的各种物理量变化值的方法来实现。常用的应力量测方法主要有应力解除法、应力恢复法和水压致裂法等。这些方法的理论基础是弹性力学。因此，地应力测试均视岩体为均质、连续、各向同性的线弹性介质。

Ⅰ 应力解除法

一、基本原理

应力解除法的基本原理是：岩体在应力作用下产生变形（或应变）。当需测定岩体中某点的应力时，可将该点一定范围内的岩体与基岩分离，使该点岩体上所受应力解除。这时由应力产生的变形（或应变）即相应恢复。通过一定的量测元件和仪器量测出应力解除后的变形值，即可由确定的应力与应变关系求得相应应力值。应力解除法根据测量方法不同可分为表面应力解除法、孔底应力解除法和孔壁应力解除法三种，各种方法根据测量元件不同又可细分为各种不同的方法。本节仅介绍孔壁应力解除法（或称钻孔套芯应力解除法）。

孔壁应力解除法的基本原理是在钻孔中安装变形元件，测量套芯应力解除前后钻孔半径变化值（径向位移），用该孔径变化值来确定地应力值。目前常用的变形测量元件有：门塞式应变计、光弹性应变计、钢环式钻孔变形计、压磁式钻孔应力计和空心包体式应力计等。

假定钻孔轴与岩体中某一应力分量平行，根据弹性理论垂直于孔轴平面内钻孔壁的径向位移（U_θ）与地应力的关系（图 5-1）为

$$U_\theta = \frac{R_0}{E_m}[\sigma_1 + \sigma_3 + 2(\sigma_1 - \sigma_3)\cos 2\theta] \qquad (5-1)$$

式中：U_θ——与 σ_1 作用方向成 θ 角处孔壁一点的径向位移（图 5-1）；

σ_1、σ_3——分别垂直于孔轴平面内的地应力；

E_m——岩体的弹性模量；

R_0——钻孔半径。

由式(5－1)可知，在钻孔中安装三个以上互成一定角度的测量元件，分别测得应力解除后孔壁在这些方向上的径向位移，然后求解联立方程即可求得 σ_1、σ_3 和 θ 这三个值。

二、试点选择与地质描述

在平硐壁或地表露头面上选择代表性测点，用 ø130mm 岩芯钻头打一钻孔至测量点，其深度应超过开挖扰动区；在平硐内进行测试时，其深度应超过硐室直径的 2 倍；同时使测点一定范围内岩性均匀无大的裂隙通过。

地质描述内容包括：岩石名称、结构及主要矿物成分；结构面类型、产状、宽度、充填物情况、钻孔岩芯形状及 RQD 值等。同时提交测点剖面图及钻孔柱状图等。

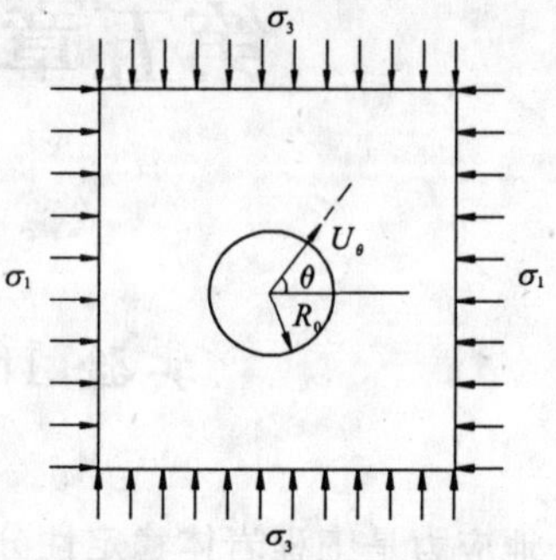

图 5－1　应力解除法原理图

三、仪器设备

仪器设备包括：①钻孔及配套的钻头、钻杆；②钻孔应变计，使用前应进行率定；③应变仪及其配套仪表、电线等；④其他：包括安装工具等。

四、试验要点(图 5－2)

(1)用 ø130mm 的岩芯钻头钻进至预定测量深度，然后用同径实心钻头将孔底磨平，并冲洗干净。

(2)用 ø130mm 的锥形钻头打一锥形导向孔。

(3)用 ø36mm 的金刚石钻头打测量孔，深度约 50cm 左右，并进行冲洗[图 5－2(c)]。如采用不同型号的应变计时，测量孔尺寸应与应变计尺寸相适应。要求测量孔与解除孔同心，孔

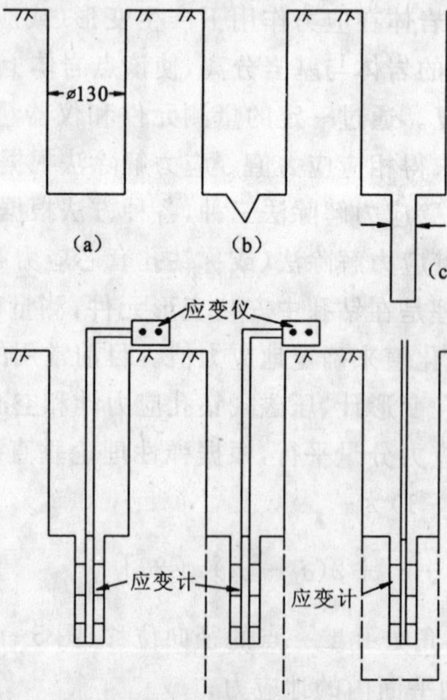

图 5－2　应力解除法程序示意图

壁光滑平直，岩芯完整。

(4)安装应变计。将应变计准确地安装在测量孔内，并用电线与应变仪连接[图 5-2(d)]。然后向孔内注水并测读稳定初始读数。读数稳定标准为：每隔 5～10min 测读一次，连续三次读数之差不超过 5$\mu\varepsilon$ 时，即认为稳定。

(5)套钻解除，用 ϕ130mm 的岩芯钻头进行同心套钻，使应力逐步解除。在解除过程中，每钻进 2～3cm 读数一次，并随时监视读数变化，直至应力完全解除、读数稳定为止，读数稳定标准同第(4)。

(6)折断并取出带应变计的岩芯，在实验室测定岩石的密度及弹性模量等参数。

五、成果整理及计算

(1)绘制解除深度 h(cm)与应变计读数 $\varepsilon_n(\mu\varepsilon)$ 的关系曲线。

(2)根据 $h-\varepsilon_{ni}$ 关系曲线，参照地质条件和试验情况，确定最终读数 $\varepsilon_{ni}(\mu\varepsilon)$。

(3)按下式计算不同方向钻孔孔壁的径向位移 $U_{\theta i}$(10^{-4}cm)。

$$U_{\theta i}=\frac{\varepsilon_{ni}-\varepsilon_{oi}}{K} \tag{5-2}$$

式中：ε_{oi}、ε_{ni}——分别为某方向应变计的初始读数和最终应变读数($\mu\varepsilon$)；

K——应变计率定系数($\mu\varepsilon/10^{-4}$cm)。

(4)按下式计算垂直于孔轴平面内最大、最小主应力及方位：

①当应变计三个探头之间互成 45°角时：

$$\sigma_1=\frac{E_m}{4R_0}\left[U_a+U_c+\frac{1}{\sqrt{2}}\sqrt{(U_a-U_b)^2+(U_b-U_c)^2}\right] \tag{5-3}$$

$$\sigma_3=\frac{E_m}{4R_0}\left[U_a+U_c\ \frac{1}{\sqrt{2}}\sqrt{(U_a-U_b)^2+(U_b-U_c)^2}\right] \tag{5-4}$$

$$\tan2\theta=\frac{2U_b-U_a-U_c}{U_a-U_c},\ \frac{\cos2\theta}{U_a-U_c}>0 \tag{5-5}$$

式中：σ_1、σ_3——分别为垂直于孔轴平面内的最大、最小主应力(MPa)；

θ——U_a 与 σ_1 的夹角，当$\frac{\cos2\theta}{U_a-U_c}<0$ 时为 U_a 与 σ_3 的夹角；

U_a、U_b、U_c——分别为 0°、45°、90°方向的孔壁径向位移(10^{-4}cm)；

R_0——测量孔半径(cm)；

E_m——岩石的弹性模量(MPa)。

②当应变计三个探头之间互成 60°角时：

$$\sigma_1=\frac{E_m}{6R_0}\left[U_a+U_b+U_c+\frac{1}{\sqrt{2}}\sqrt{(U_a-U_b)^2+(U_b-U_c)^2+(U_c-U_a)^2}\right] \tag{5-6}$$

$$\sigma_2=\frac{E_m}{6R_0}\left[U_a+U_b+U_c-\frac{1}{\sqrt{2}}\sqrt{(U_a-U_b)^2+(U_b-U_c)^2+(U_c-U_a)^2}\right] \tag{5-7}$$

$$\tan2\theta=\frac{-\sqrt{3}(U_b-U_c)}{2U_a-(U_b+U_c)},\ \frac{\cos2\theta}{U_b-U_c}>0 \tag{5-8}$$

式中：U_a、U_b、U_c——分别为 0°、60°、120°方向的孔壁径向位移(10^{-4}cm)；

其余符号意义同前。

Ⅱ　应力恢复法

一、基本原理

应力恢复法一般在平硐壁面(也可在地表露头面)上进行,即在岩面上切槽,地应力解除,应变也随之恢复;然后在槽中再埋入液压枕,对岩体施加压力,使岩体的应变恢复至应力解除前的状态;此时,液压枕施加的压力即为应力解除前岩体受到的应力,这一应力值实际上是平硐开挖后壁面处的环向重分布应力。通过量测应力恢复后的应力或应变值,利用弹性力学公式即可求解出测点的地应力状态。应力恢复法适应于坚硬、半坚硬完整岩体。

根据所采用应变计的类型不同,应力恢复法可分为钢弦应变计法、电阻片法和光弹应变计法,本节仅介绍电阻片法。

二、试点制备与地质描述

在平硐壁面上选择岩体完整部位加工制备试件。方法是先在试点大于2倍液压枕边长范围内进行粗加工,要求岩面起伏差不超过±0.5cm。然后进行细加工,其范围应不小于应变花直径的2倍,加工好后进行地质描述,内容包括岩性、结构面发育情况及其他现象。

三、主要仪器设备

(1)液压枕。出力视岩体坚硬程度及地应力大小而定,使用前应按有关规定进行率定。

(2)油泵、压力表、高压油管及快速接头等。

(3)静态电阻应变仪及预调平衡箱和电阻片若干。

(4)惠斯顿电桥。

(5)切槽及试点制备设备。

(6)安装工具、贴电阻应变片的药品及工具等。

四、试验要点

(1)电阻片的选择,根据岩体结构、矿物颗粒大小等选择电阻片,一般基长应不小于矿物颗粒最大粒径的3倍。选出的电阻片应用惠斯顿电桥测量其额定电阻值,要求每个应变花各电阻片的电阻值相差不得超过±0.1Ω。

(2)电阻片黏贴处的防潮处理,在已加工好的试点上选择适合的部位(一般应在解除槽的中垂线上)黏贴电阻应变花;黏贴处的防潮处理方法是:先用清水洗净,用红外线灯泡烘干,然后用丙酮擦洗至无污垢,并再次烘干至达到绝缘要求(电阻大于500MΩ)为止,处理后涂一层厚约0.2mm的防潮胶,烘干后检查防潮层的绝缘程度,以备贴片。

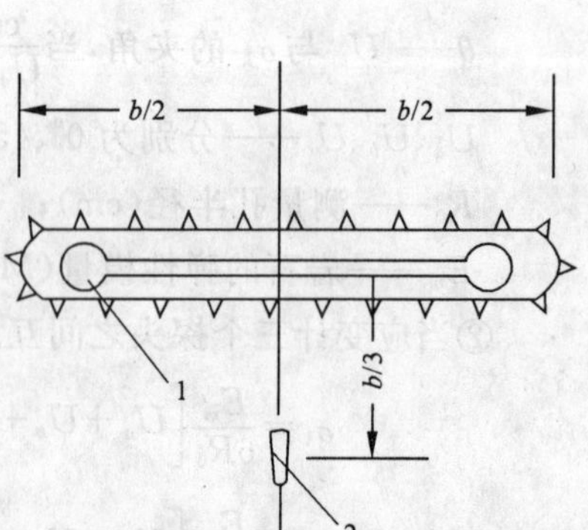

图5-3　应力恢复法布置图

1—液压枕;2—应变花

(3)电阻片黏贴,方法是:参考图5-4的型式每组应变花的电阻片应不少于3片,贴片时先在贴片部位及电阻片背面,分别均匀地涂一层薄胶水,将电阻片准确地黏贴在规定的位置上，并用手指按压电阻片挤出余胶和气泡，使其黏贴密合。凡不合要求者，应更换电阻片重贴，并达到绝缘要求；电阻片贴好后再作一次防潮处理；然后在岩性相同的岩块上黏贴温度补偿片，黏贴要求与电阻片同；最后用导线将电阻片与补偿片及应变仪连接好。

(4)掏槽解除，方法是：先将电阻片导线与应变仪连接，通电预热后读取各电阻片的初始读数(ε_{oi})。对试验点连续冲水 10min，检查防温、防潮效果，同时检查各电阻片读数有无飘移；用电锯在预定位置上切槽，每次切槽深度 2cm，直到预定深度为止，在切槽过程中测记各次切槽时的各电阻片读数(ε_{ni})；最后一次切槽结束后，每隔 5min 读数一次，15min 内读数差不大于±5$\mu\varepsilon$ 时，可认为稳定，解除结束。

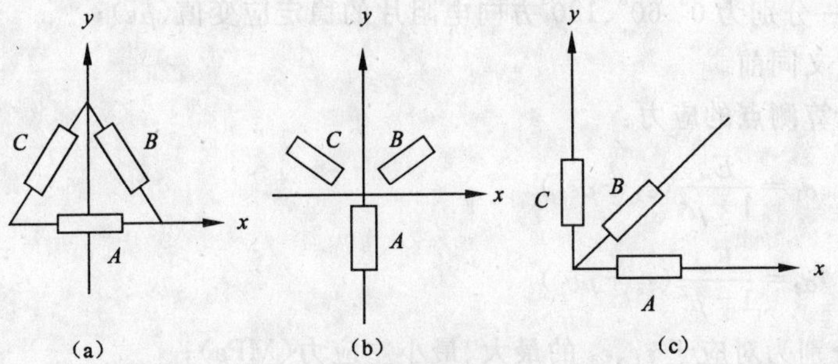

图 5-4　应变花型式

(a)、(b)应变片成等角形；(c)应变片成直角形

(5)埋设液压枕，用清水将槽内的岩粉冲洗干净，注入水泥砂浆，然后将安有压力表和表面涂有一层黄油的液压枕放入，再用水泥砂浆填实，并经一定时间的养护备用。

(6)加压恢复，起动油泵对液压枕分级加压，应变恢复。分级压力等级为 1～2MPa，每次测试不少于 6 级，最大一级压力需大于解除结束时的相应压力。在加卸压过程中，同时测记每级压力下各电阻片的读数。

(7)液压枕拆除，在液压枕的一侧掏凹形槽，取出液压枕。

五、成果整理及计算

(1)各级解除深度下电阻片的应变值(ε_i)为：$\varepsilon_i=\varepsilon_{ni}-\varepsilon_{oi}$，其中 ε_{oi}、ε_{ni} 分别为某电阻片的初始读数和该电阻片在某一解除深度的应变读数($\mu\varepsilon$)。

(2)绘制各电阻片应变值 ε_i 与相对解除深度(h/D)的关系曲线，并根据 ε_i-h/D 曲线，结合试点地质条件和试验情况，确定各电阻片的稳定应变值。

(3)计算主应变及其方向。

直角应变花：

$$\varepsilon_1=\frac{\varepsilon_A-\varepsilon_C}{2}+\frac{1}{\sqrt{2}}\sqrt{(\varepsilon_A-\varepsilon_B)^2+(\varepsilon_B-\varepsilon_C)^2} \tag{5-9}$$

$$\varepsilon_3=\frac{\varepsilon_A-\varepsilon_C}{2}-\frac{1}{\sqrt{2}}\sqrt{(\varepsilon_A-\varepsilon_B)^2+(\varepsilon_B-\varepsilon_C)^2} \tag{5-10}$$

$$\tan 2\theta=\frac{2\varepsilon_B-\varepsilon_A-\varepsilon_C}{\varepsilon_A-\varepsilon_C} \tag{5-11}$$

式中：ε_1、ε_3——分别为最大、最小主应变($\mu\varepsilon$)；

ε_A、ε_B、ε_C——分别为 0°、45°、90°方向电阻片的稳定应变值($\mu\varepsilon$)；

θ——ε_1 与 x 轴的夹角。

等角形应变花：

$$\varepsilon_1=\frac{\varepsilon_A+\varepsilon_B+\varepsilon_C}{3}+\frac{\sqrt{2}}{3}\sqrt{(\varepsilon_A-\varepsilon_B)^2+(\varepsilon_B-\varepsilon_C)^2+(\varepsilon_C-\varepsilon_A)^2} \tag{5-12}$$

$$\varepsilon_3=\frac{\varepsilon_A+\varepsilon_B+\varepsilon_C}{3}-\frac{\sqrt{2}}{3}\sqrt{(\varepsilon_A-\varepsilon_B)^2+(\varepsilon_B-\varepsilon_C)^2+(\varepsilon_C-\varepsilon_A)^2} \tag{5-13}$$

$$\tan2\theta=\frac{\sqrt{3}(\varepsilon_B-\varepsilon_C)}{2\varepsilon_A-\varepsilon_B-\varepsilon_C} \tag{5-14}$$

式中：ε_A、ε_B、ε_C——分别为 0°、60°、120°方向电阻片的稳定应变值($\mu\varepsilon$)；

其余符号意义同前。

(4)按下式计算测点的应力：

$$\sigma_1=\frac{E_m}{1-\mu^2}(\varepsilon_1+\mu\varepsilon_3) \tag{5-15}$$

$$\sigma_3=\frac{E_m}{1-\mu^2}(\varepsilon_3+\mu\varepsilon_1) \tag{5-16}$$

式中：σ_1、σ_3——分别为对应于 ε_1、ε_3 的最大、最小主应力(MPa)；

E_m、μ——分别为岩体的弹性模量与泊松比；

其余符号意义同前。

(5)如果在两个相互直交方向测得应变恢复时的切向应力，可按下式计算岩体中的主应力 σ_1、σ_3(MPa)：

$$\sigma_1=\frac{1}{8}\sigma_{\theta A}+\frac{3}{8}\sigma_{\theta B} \tag{5-17}$$

$$\sigma_3=\frac{3}{8}\sigma_{\theta A}+\frac{1}{8}\sigma_{\theta B} \tag{5-18}$$

式中：$\sigma_{\theta A}$、$\sigma_{\theta B}$——分别为侧墙和底板上测得的恢复应力；

其余符号同前。

Ⅲ　水压致裂法

一、基本原理

水压致裂法是利用橡胶栓塞封堵一段钻孔，然后通过水泵将高压水压入其中，如果水压达到一定值时孔壁岩体产生拉破裂(图 5-5)。假定铅直钻孔孔轴平行于某一岩体应力分量时，典型情况下的水泵压力随时间变化的关系如图 5-6 所示。压力从 p_0 开始增加，到峰值 p_{c1} 时，孔壁某特定部位将产生拉破裂，压力也随之降低，并稳定于 p_s，这一压力称为封井压力(或称关闭压力)。这时若人为地降低水压力，则孔壁拉裂隙在岩体应力作用下将闭合。当再次升压时，裂隙将再次张开，压力达到峰值 p_{c2} 后再次降低并稳定在 p_s 值附近。利用测得的几个特征压力 p_{c1}、p_{c2}、p_s 及拉裂隙方位等数据，根据弹性力学中圆形孔洞周边应力公式即可求得垂直孔轴平面的两个地应力值，而铅直应力可大致等于 ρgh。另外，大量的试验资料表明，孔壁的初始破裂通常是铅直的，且沿最大水平主应力方向发展(图 5－7)，借此可判断岩体中水平应力的方向。

水压致裂法的主要优点是：①量测深度不受限制、代表性好。目前，世界上实测最大深度已达 5 105m(Heimson,1978)，我国也已达 3 958m(天津)。②试验设备简单，操作方便，测量结果直观，精度高。主要缺点是主应力方向难以准确确定。

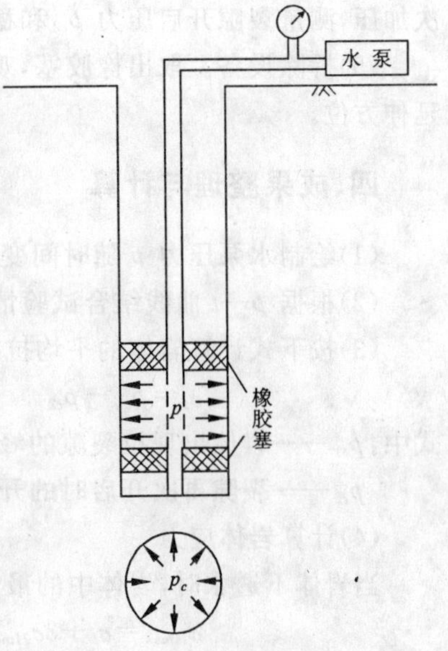

图 5－5　水压致裂法装置图

二、主要仪器设备

(1)岩芯钻机包括：起吊设备、足够长度的钻杆、钻头、扫孔器、定位器和花杆等。

(2)水泵，最高扬程应相当于试验最高压力水头的 1.3～1.5 倍。

(3)精密压力表。

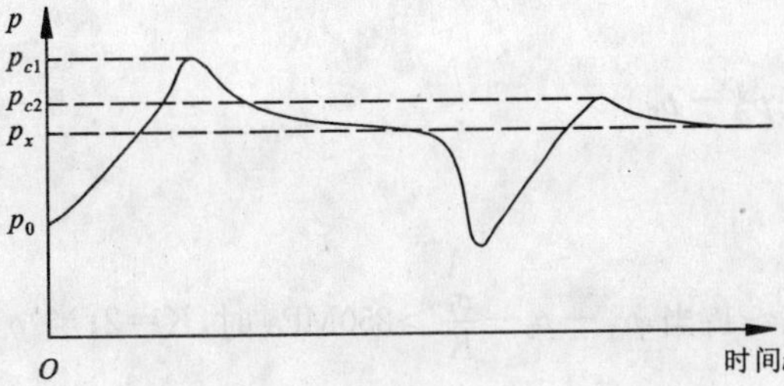

图 5－6　孔内压力随时间的变化曲线图

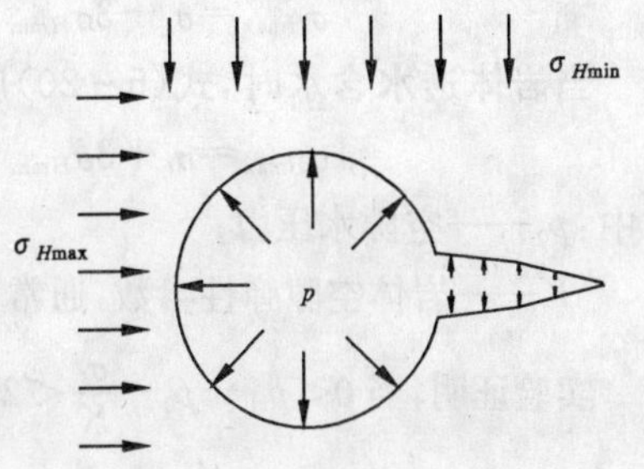

图 5－7　孔壁破裂力学模型

(4)封堵橡胶栓塞一套。

(5)其他安装工具等。

三、试验要点

(1)选择代表性测点用岩芯钻头钻进至预定测量深度，钻孔深度可视工程需要及岩体条件而定。要求钻孔铅直，孔壁平直。

(2)用井下电视及摄影技术进行井下观察与详细描述记录并提交相应的图件。观察记录内容主要包括：岩性及其变化情况，结构面发育位置、类型、延伸方位、张开度与充填等情况，特别是在预定试验段内应详细观察记录。

(3)试验设备安装。用橡胶栓塞套上花杆将预定试验段封堵隔离，并用钻杆与水泵、压力表连接。

(4)加压。通过水泵向试验段加水压，在加压过程中，测记水泵压力随时间的变化值，在压力突变时段应加密记录，以求取完整的 p—t 关系曲线。当压力第一次出现峰值 p_{c1} 和压力降时，说明孔壁岩体已产生破裂，这时可关闭水泵，测得封井压力 p_s，然后人为地降低压力后再次加压，测量裂隙开启压力 p_{c2} 和稳定压力 p_s，一定时间后即可停止试验。

(5)拆除设备。取出橡胶塞，观察栓塞印痕情况，并用井下电视观察裂隙延伸情况，测定其延伸方位。

四、成果整理与计算

(1)绘制水泵压力 p 随时间变化的关系曲线；

(2)根据 $p—t$ 曲线结合试验情况，确定各特征压力值；

(3)按下式计算岩体的平均抗拉强度 σ_t(MPa)：

$$\sigma_t = p_{c1} - p_{c2} \quad (5-19)$$

式中：p_{c1}——岩体出现拉裂隙的峰值压力(MPa)；

p_{c2}——裂隙再次开启时的开启压力(MPa)。

(4)计算岩体应力

当岩体不透水时，岩体中的最大、最小水平主应力 $\sigma_{H\max}$、$\sigma_{H\min}$(MPa)可按下式计算：

$$\sigma_{H\max} = \sigma_t + 3\sigma_{H\min} - p_{c1} \quad (5-20)$$

$$\sigma_{H\min} = p_s \quad (5-21)$$

当岩体透水不含水时，式(5-20)应改为：

$$\sigma_{H\max} = \sigma_t + 3\sigma_{H\min} - Kp_{c1} \quad (5-22)$$

当岩体透水含水时，式(5-20)应改为：

$$\sigma_{H\max} = \sigma_t + 3\sigma_{H\min} - 2p_0 - K(p_{c1} - p_0) \quad (5-23)$$

式中：p_0——空隙水压力；

K——岩体空隙弹性参数，通常 $1<K<2$。

实验证明，当 $0<p_{c1}-p_0-\frac{\sigma_t}{K}<25$MPa 时，$K\approx1$；当 $p_{c1}-p_0-\frac{\sigma_t}{K}>250$MPa 时，$K=2$；当 $p_{c1}-p_0-\frac{\sigma_t}{K}=25\sim50$MPa 时，$K=1.5$。

参考文献

国际岩石力学学会实验室和现场实验标准化委员会，郑雨天等译．岩石力学试验建议方法(上集)．北京：煤炭工业出版社，1982

刘佑荣，唐辉明编著．岩体力学．武汉：中国地质大学出版社，1999

唐辉明主编．工程地质学基础．北京：化学工业出版社，2008

唐大雄，刘佑荣等编．工程岩土学．北京：地质出版社，1998

中华人民共和国地质矿产部，岩石物理力学性质试验规程．北京：地质出版社，1986

中华人民共和国电力工业部，中华人民共和国水利部．水利水电工程岩石试验规程．北京：水利出版社，1986

中华人民共和国国家标准，《工程岩体试验方法标准》(GB/T50266—99)．北京：中国计划出版社，1999